高等职业教育畜牧兽医“十二五”规划教材
省级示范性高等职业院校建设项目成果

猪场生物安全控制

王振华　杨金龙○主编

西南交通大学出版社
·成　都·

图书在版编目（CIP）数据

猪场生物安全控制 / 王振华，杨金龙主编. — 成都：西南交通大学出版社，2013.7（2014.1 重印）
高等职业教育畜牧兽医类“十二五”规划教材
ISBN 978-7-5643-2444-5

Ⅰ. ①猪… Ⅱ. ①王… ②杨… Ⅲ. ①养猪场－安全管理－高等职业教育－教材 Ⅳ. ①S828

中国版本图书馆 CIP 数据核字（2013）第 152519 号

高等职业教育畜牧兽医类“十二五”规划教材
猪场生物安全控制
主编 王振华 杨金龙

责任编辑	吴 迪
助理编辑	罗爱林
封面设计	何东琳设计工作室
出版发行	西南交通大学出版社 （四川省成都市金牛区交大路 146 号）
发行部电话	028-87600564 028-87600533
邮政编码	610031
网 址	http: //press.swjtu.edu.cn
印 刷	成都蓉军广告印务有限责任公司
成品尺寸	170 mm × 230 mm
印 张	10.25
插 页	4
字 数	185 千字
版 次	2013 年 7 月第 1 版
印 次	2014 年 1 月第 2 次
书 号	ISBN 978-7-5643-2444-5
定 价	29.50 元

《猪场生物安全控制》

编审委员会

主　　编　王振华（博士，成都农业科技职业学院）

　　　　　　杨金龙（博士，重庆市畜牧科学院兽医研究所）

参　　编（按姓氏笔画排列）

　　　　　　关　铜（成都农业科技职业学院）

　　　　　　宋　禾（成都农业科技职业学院）

　　　　　　吴　超（四川省旺达饲料有限公司）

　　　　　　杨定勇（成都农业科技职业学院）

　　　　　　赵永明（四川大成农牧科技有限公司技术总监）

技术顾问　陈家钊（FANB 设计师、高级畜牧师，福建丰泽农牧科技开发有限公司）

序

随着我国改革开放的不断深入和经济建设的高速发展，我国高等职业教育也取得了长足的发展，特别是近十年来在党和国家的高度重视下，高等职业教育改革成效显著，发展前景广阔。早在2006年，教育部连续出台了《教育部、财政部关于实施国家示范性高等职业院校建设计划，加快高等职业教育改革与发展的意见》（教高〔2006〕14 号）、《关于全面提高高等职业教育教学质量的若干意见》（教高〔2006〕16号）文件以及近年来陆续出台了《关于充分发挥职业教育行业指导作用的意见》（教职成〔2011〕6号）、《关于推进高等职业教育改革创新引领职业教育科学发展的若干意见》（教职成〔2011〕12号）、《关于全面提高高等教育质量的若干意见》（教高〔2012〕4号）等文件，这标志着我国高等职业教育在质量得以全面提高的基础上，已经进入体制创新和努力助推各产业发展的新阶段。

近日，教育部、国家发展改革委、财政部《关于印发〈中西部高等教育振兴计划（2012—2020年）〉的通知》（教高〔2013〕2号）明确要求，专业设置、课程开发须以社会和经济需求为导向，从劳动力市场分析和职业岗位分析入手，科学合理地进行。按照现代职业教育体系建设目标，根据技术技能人才成长规律和系统培养要求，坚持德育为先、能力为重、全面发展，以就业为导向，加强学生职业技能、就业创业和继续学习能力的培养。大力推进工学结合、校企合作、顶岗实习，围绕区域支柱产业、特色产业，引入行业、企业新技术、新工艺，校企合办专业，共建实训基地，共同开发专业课程和教学资源。推动高职教育与产业、学校与企业、专业与职业、课程内容与职业标准、教学过程与生产服务有机融合。因此，树立校企合作共同育人、共同办学的理念，确立以能力为本位的教学指导思想显得尤为重要，要切实提高教学质量，以课程为核心的改革与建设是根本。

成都农业科技职业学院经过11年的改革发展和3年的省级示范性建设，

在课程改革和教材建设上取得了可喜成绩，在省级示范院校建设过程中已经完成近40门优质课程的物化成果——教材，现已结稿付梓。

本系列教材基于强化学生职业能力培养这一主线，力求突出与中等职业教育的层次区别，借鉴国内外先进经验，引入能力本位观念，利用基于工作过程的课程开发手段，强化行动导向教学方法。在课程开发与教材编写过程中，大量企业精英全程参与，共同以工作过程为导向，以典型工作任务和生产项目为载体，立足行业岗位要求，参照相关的职业资格标准和行业企业技术标准，遵循高职学生成长规律、高职教育规律和行业生产规律进行开发建设。按照项目导向、任务驱动教学模式的要求，构建学习任务单元，在内容选取上注重学生可持续发展能力和创新创业能力的培养，具有典型的工学结合特征。

本系列教材的正式出版，是成都农业科技职业学院不断深化教学改革的结果，更是省级示范院校建设的一项重要成果，其中凝聚了各位编审人员的大量心血与智慧，也凝聚了众多行业、企业专家的智慧。该系列教材在编写过程中得到了有关兄弟院校的大力支持，在此一并表示诚挚感谢!希望该系列教材的出版能有助于促进高职高专相关专业人才培养质量的提高，能为农业高职院校的教材建设起到积极的引领和示范作用。

诚然，由于该系列教材涉及专业面广，加之编者对现代职业教育理念的认知不一，书中难免存在不妥之处，恳请专家、同行不吝赐教，以便我们不断改进和提高。

龙 旭
2013 年 5 月

前 言

《猪场生物安全控制》是省级示范性高等职业院校建设项目成果，教材结合当前现代化畜牧业发展需要及目前猪场传染病防控现状进行设计，以职业能力培养为核心，通过校企合作平台，依照“教、学、做”合一的要求，构建“校内理论与实践—校外生产实训—校外生产实训专题交流与提升”工学交替循环课程结构，强化学生职业能力的培养，校企互相融合，师资、技术和设备资源共享，共同参与教学、生产及科研。本书基于猪场生物安全控制的含义，以项目的形式将全书分成四部分，即猪场建设、猪场环境控制、猪营养体系、猪场防疫体系；以培养适应生产、建设、服务、管理等生产一线需要的高等技术应用型专门人才为根本任务，从而保证食品供应，保障人类健康。

由于编著者水平有限，本书难免存在不足之处，恳请各位读者批评指正。

编 者

2013年3月

目 录

绪 论

生物安全是畜牧业中常涉及的名词，生物安全有两个层次上的含义，国际层次和猪场层次。在国际层次上，对于生物安全的关注集中在预防国家与国家之间的疾病传播，这对于具有巨大的猪肉出口市场的国家来说是其主要的关注点；在猪场层次上，集约化种猪场生物安全体系就是通过各种手段以排除疫病威胁，保护猪群健康，保证猪场正常生产发展，发挥猪场最大生产优势的方法集合体系总称。

猪场生物安全体系包括：猪场建设、猪场环境控制、猪营养体系、猪场防疫体系。通过各项措施的实施，防止猪场以外有害病原微生物（包括寄生虫）进入猪场、防止病原微生物（包括寄生虫）在猪场内的传播扩散及防止猪场内的病原微生物（包括寄生虫）传播扩散到其他猪场。

项目一　规模化猪场规划建设

任务一　猪场选址

猪场的选址要符合《中华人民共和国动物防疫法》和《中华人民共和国畜牧法》有关规定。场址的确定是猪场生物安全体系中最重要的要素，涉及面积、地势、水源、防疫、交通、电源、排污与环保等诸多方面，这些因素互为影响，因此需周密计划，事先勘察。一个猪场选址的好坏，决定这个猪场未来的生产难度系数，决定着猪场未来的效益。

一、猪场选址原则

（1）猪场应选在背风、向阳、地势高燥、通风良好、水电充足、水质良好、排水方便、易使猪场保持干燥和卫生的地方。否则会影响猪场的使用年限、猪群对疾病的抵抗力。

（2）要远离交通主干道，离其他畜牧场、屠宰加工厂、畜产品交易点、居民区至少 5 km，同时与这些地方最好还要有山坡、树林、湖泊等天然屏障隔离，否则会受到猪群感染当前整个地区或其他地区爆发的传染病的威胁。

（3）附近 10 km 范围内的猪场数量、规模。50 km 内是否曾经是重大猪病疫区。

（4）当地气候条件。场址应选择在位于居民区常年主导风向的下风向或侧风向处，以防止因猪场气味的扩散、废水排放和粪肥堆置而污染周围环境。

（5）根据节约用地，不占良田，不占或少占耕地的原则，选择交通便利，水、电供应可靠，便于排污的地方建场。

（6）在城镇周围建场时，场址用地应符合当地城镇发展规划和土地利用规划的要求。

（7）禁止在旅游区、自然保护区、水源保护区和环境公害污染严重的地区建场。

（8）场区土壤质量要符合 GB15618—1995 土壤环境质量标准的规定。

（9）猪场应利用荒山，不占用耕地（见图 1-1-1）。

图 1-1-1

二、猪场选址要求

（一）面积与地势

猪场占地面积依据猪场生产的任务、性质、规模和场地的总体情况而定，要把生产、生活区、生产辅助区、隔离区、粪污处理区都考虑进去，并要留有空余地。猪舍总建筑面积按每饲养一头基础母猪需 15 ~ 20 m^2 计算，猪场的其他辅助建筑总面积按每饲养一头基础母猪需 2 ~ 3 m^2 计算；猪场的场区占地总面积按每饲养一头基础母猪需 60 ~ 70 m^2 计算，不同规模种猪场占地面积的调整系数为：大型场 0.8 ~ 0.9；中型场 1.0；小型场 1.1 ~ 1.2。

猪场场址地势高燥、平坦，在丘陵山地建场地应尽量选择阳坡，坡度不得超过 20°。切忌把大型养猪工厂建到通风不良、湿度大的山窝里；否则污浊空气排不走，整个场区常年空气环境都会恶劣。

（二）防　疫

猪场应处于当地常年主导风向的上风处，距主要交通要道、铁路要尽量远一些，距居民区、城镇、学校等公共场所至少 2 km 以上，既要考虑猪场本身有防疫，又要考虑猪场对居民区的影响；猪场与其他牧场之间也需保持一定距离，猪场周围 3 km 内无大型皮革厂、化工厂、肉品加工厂、矿厂等；猪场周围应有围墙或其他有效防疫屏障。

（三）交　通

因为饲料、猪产品和物资运输量很大，因此猪场必须选在交通便利的地方。既要考虑猪场的防疫需要和对周围环境的污染，又不能太靠近主要交通干道，最好与主要干道保持 400 m 以上的距离，如果有围墙、河流、林带等屏障，则距离可适当缩短些。禁止在旅游区及工业污染严重的地区建场。

（四）供　电

距电源近，节省输变电开支，供电稳定，少停电。

（五）通　风

猪场选地应根据当地常年主导风向，选择位于居民区及公共建筑的下风向处。

（六）水　源

规划猪场前先勘探，水源是选场址的先决条件，要求水量充足，水质良好，便于取用和进行卫生防护，供水设施应符合 GB/T17824.1—1999 的规定。水源水量必须能满足场内生活用水、猪只饮用及饲养管理用水（如清洗调制饲料、冲洗猪舍、清洗机具、用具等）的要求，且无污浊水及其他污染源。猪场内的饮用水系统应采用加氯消毒的深层井水，以控制水源对猪群疫病的传播。定期监测水质，保证水源无污染，符合人畜饮用水标准。

猪场内的非饮用水源，如小溪、池塘、露天排水沟内的水中，可能存在像钩端螺旋体一类的致病性病原，这些水源被其他生物（如老鼠、鸟类）排出的含有病原的粪便所污染，就容易成为病原传播的潜在因素，应该定期对场内水源进行处理和消毒。

1. 猪需水量

在一般条件下，猪每消耗 1 kg 干饲料需用水 2 ~ 5 L，或 100 kg 体重每天耗 7 ~ 20 kg（见表 1-1-1）。

2. 水　质

饮水质量以固体的含量为测定标准。应定期将猪场饮水水样送化验室检验，场内饮水质量应符合无公害食品——猪饮用水水质标准（见表 1-1-2）。

表 1-1-1　猪场需水量

类　别	总需水量［L/（头·天）］	饮水量［L/（头·天）］
种公猪	40	10
空怀及妊娠母猪	40	12
带仔母猪	75	20
断奶母猪	5	2
育成猪	15	6
育肥猪	25	6

表 1-1-2　猪饮用水水质准

项　目		标　准　值
感观性状及一般化学指标	色度	不超过 30 度
	浑浊度	不超过 20 度
	臭和味	不得有异臭和异味
	肉眼可见物	不得含有
	总硬度（以碳酸钙计）	≤1 500 mg/L
	pH	5.5～9
	溶解性总固体	≤4 000 mg/L
	氯化物（以氯离子计）	≤1 000 mg/L
	硫酸盐（以硫酸根离子计）	≤500 mg/L
细菌学指标	总大肠杆菌数	成年猪≤10 个/100 mL
		仔猪≤1 个/100 mL
毒理学指标（mg / L）	砷	0.2 mg/L
	镉	0.05 mg/L
	氟化物	2.0 mg/L
	氰化物	0.2 mg/L
	总汞	0.01 mg/L
	铅	0.1 mg/L
	铬（六价）	0.1 mg/L
	硝酸盐（以氮计）	30 mg/L

3. 给排水系统

修建给排水系统时，应选用能够为猪饮水和猪圈清洗作业提供足够水量的相应管径的管道。管道类型共有三种：镀钢管、钢管和塑料管。在分配冷水时，使用带有溶剂焊接接头的塑料管，有便于安装和改建的优点。在猪能够得着的地方再改用镀锌管组件，因为铜管和塑料管都经受不住猪的啃食和挤压。

（1）饮水系统。建议使用两套饮水管道系统：一套用于供应新鲜的饮水，饮水水塔的水管到猪舍的水管往地下埋 50 cm 以下，猪舍的水管不能设在猪舍外面，以防夏热冬冻；另一套用于投药，这样能够做到灵活投药（只向猪舍中的一个或两个有问题的猪圈投药），并能做到给即将屠宰猪的猪圈停药。

（2）排水系统。布置下水道时，做到雨水与污水分离，尽可能地降低污水处理系统的负荷，猪舍与猪舍之间的污水不能串联。

任务二　猪场规划与布局

猪场规划布局要科学合理，既要符合生产流程，又要达到防疫要求。首先，养猪场应严格执行生产区与生活区、行政区相隔的原则。猪场生产区布置在猪场管理区的上风向或侧风向处，相距应在 200 m 以上。其次，根据防疫需求可建消毒室、兽医室、隔离舍、污水粪便处理设施、病死猪无害化处理间等，其中污水粪便处理设施和病死猪无害化处理区应在生产区的下风向或侧风向处，应相距 50 m 以上。人员、动物和物资运转应采取单一流向，进料和出粪道应严格分开，防止交叉污染和疫病传播。最后，推荐实行小单元“三点式”饲养，利用“全进全出”饲养工艺。

一、猪场规划原则

（1）节能减排、经济耐用、操作方便、冬暖夏凉、通风干燥。

（2）绿色养殖是发展趋势：实行“种养结合、生态循环、综合利用、变废为宝”的环保模式。

（3）猪舍建设要成本低、耐用、耐腐蚀、节能减排（少冲水或不冲水），需多方案比较，好中选优。在猪舍整个设计建设过程中，需要设计人员、建设人员、猪场管理者及有经验的饲养员等一起共同探讨、协商，要多吸收各方意见。

（4）建设过程要做到“真材实料”，需多方比较，好中选优。要关注施工过程中的细节，特别是建设中的“隐蔽工程”，建议请专业的猪场建筑工程队。

（5）建设过程必须建立设计、施工、监理、验收的管理制度。

（6）水、电、路等的布局要合理，尽量做到经济、适用、方便。

二、猪场布局

大型规模化养猪场在总体布局上至少应包括生产区、生活管理区和附属配套区三个功能区布置。

（一）生产区（见图 1-2-1）

生产区与生活区严格分开，缓冲隔离带 200 m，必须建有专门的围墙，与外界形成隔离，围墙外应设防洪沟，以利于排出雨水、污水，且场内应建造防鸟网和防鼠措施。生产区设有各类猪舍、洗澡间或更衣室、消毒室、药房、兽医室、值班室、饲料贮藏加工室、仓库等。生产区是猪场中的主要建筑区，一般建筑面积约占全场总建筑面积的 70%～80%。

（1）猪舍设计要符合生产工艺流程，种猪舍要求与其他猪舍隔开，形成种猪区。种猪区应设在人流较少和猪场的上风向，种公猪在种猪区的上风向，防止母猪的气味对公猪形成不良刺激；同时可利用公猪的气味刺激母猪发情；分娩舍既要靠近妊娠舍，又要接近培育猪舍；育肥猪舍应设在下风向，且离出猪台要近。在设计时，使猪舍方向与当地夏季主导风向成 30°～60° 角，使每排猪舍在夏季得到最佳的通风条件。总之，应根据当地的自然条件，充分利用有利因素，从而在布局上做到对生产最为有利。

（2）在生产区的入口处，应设专门的消毒间或消毒池，以便对进入生产区的人员和车辆进行严格的消毒。

（3）控制好脏区和净区。相对于整个猪场区域，猪场以外是脏区，以内是净区；而在猪场内部区域，生活区是脏区，生产区是净区；相对于生产区，凡是猪群活动的区域（赶猪道和圈舍）是净区，其他区域是脏区；料道是净区，粪道是脏区。

① 从生产区的脏区进入净区，应更换净区衣服鞋帽（或更换胶鞋），在脚底经过交界处时，用 3%～5% 的 NaOH 脚浴消毒盆；反之亦然。② 净区物品

和生产工具的清洗消毒均在净区中进行，禁止进入脏区。③ 脏区物品须经充分消毒后才能进入净区。④ 各阶段生产工具和物品应专舍专用，禁止混用。

（4）猪舍内外净道与污道要分开，走过污道后绝不能在没消毒的情况下走净道。猪舍与猪舍之间要有专用的转猪通道，转猪前后都要对通道、猪只、猪舍进行充分消毒。

（5）每个猪舍之间和猪场周围最好有水系相隔，便于控制疫病，围墙最好用砖砌，高度 2.5 m，离猪舍至少 20 m。

图 1-2-1　生产区

（二）生产辅助区（见图 1-2-2）

生产辅助区是为生产区服务的各种设施，设有饲料贮藏加工室、仓库、兽医室、病畜隔离舍、病死畜无害化处理间、贮粪场、修理车间、变电所、锅炉房、水泵房等。

图 1-2-2　生产辅助区——饲料加工厂

这个区应该与生产区毗邻建立，按有利于防疫和便于与生产区配合布置。

（三）管理与生活区（见图 1-2-3）

生活区内设置办公室、接待室、财务室、食堂、宿舍等，这是管理人员和家属日常生活的地方，应单独设立。一般设在生产区的上风向，或与风向平行的一侧。此外，猪场周围应建围墙或设防疫沟，以防兽害和避免闲杂人员进入场区。活区必须相对封闭，只留两条通道与生产区相通。

（1）办公区是接待外来人员、处理事务的场所，其中办公人员非常可能成为传播外来人员、车辆带来的疾病的媒介，所以不能让外来车辆进入办公区。

（2）原料采购区：位于办公室与饲料加工区之间，并由专人收购。收购人员不许接近猪场，重新包装成标准包专车运至原料库。布局格式一般为：办公区—原料采购区—原料库—饲料加工车间—成品库—生产区。

（3）装猪台：在办公区人到的位置，设置 2 个台，即种猪和肥猪装猪台。这两个装猪台应远离原料采购区、原料库，不许接近生产区。在猪场的生物安全体系中，装猪台设施是仅次于场址的重要的生物安全设施，也是直接与外界接触交叉的敏感区域，因此建造装猪台时需考虑以下因素：① 猪只只能单向流动，杜绝猪只返回现象；② 设置禁区，生产人员禁止跨越规定区域；③ 装猪台的设计应保证冲洗装猪台的污水不能回流到生产区；④ 装猪台要远离猪舍；⑤ 保证装猪台每次使用后能够及时彻底冲洗消毒。

（a）　　　　（b）

图 1-2-3　管理与生活区

（四）隔离区

隔离区包括病死猪处理室、污水处理（或沼气池）设施等，这些设施应远离生产及生活区，设在下风向、地势较低的地方。规模大的猪场要在场外建设最好的隔离舍，以备新引进的后备种猪使用。隔离舍的存栏规模保持在80～250头，特别是保温和通风设备要做好，隔离舍的宿舍和生活设施也要相应做好。

（五）道　路

道路对生产活动正常进行，对卫生防疫及提高工作效率都起着重要的作用。场内道路应净、污分道，互不交叉，出入口分开。净道的功能是人行和饲料、产品的运输，污道为运输粪便、病猪和废弃设备的专用道。

（六）水　塔

水塔是清洁饮水正常供应的保证，水塔的位置选择要与水源条件相适应，且应安排在猪场最高处。

任务三　猪舍建筑工艺设计

一、猪舍建筑要求

猪舍建筑类型应该根据当地气候环境因素来决定，无论使用哪一种建筑类型，都要充分考虑到猪舍通风、干燥、卫生、冬暖、夏凉及环保的要求。

（1）在新建猪场或旧猪舍的改造中，采用小幢式、全进全出的建筑方案，可以实行严格的消毒防疫，这是防止疾病传播的关键措施之一。

（2）在分娩栏的设计中，可把相连两栏的隔栏设计为活动式的。这样，相邻的两栏哺乳仔猪可在两个栏内自由活动，有利于断奶后的并栏。

（3）鉴于呼吸道疾病的威胁，考虑保育舍的建筑改成“小保育”的多单元的建筑模式。

（4）光照。家畜的生产性能受到光照水平、光照时间和光照质量的影响，在配种舍进行的试验表明，14～18 h 的光照长度能促进青年母猪和空怀经产母猪发情，进而能提高每头母猪的产仔数。光照既可以来自窗户，也可以由电灯照明提供，在后备母猪舍、配种舍也可使用荧光灯，在其他猪舍也可使用白炽灯照明。

二、猪舍建筑设计

（一）猪舍的建筑形式

1. 按屋顶形式分

根据屋顶的形式，猪舍有单坡式、双坡式、联合式、平顶式、拱顶式、钟楼式、半钟楼式等（见图 1-3-1～1-3-5）。单坡式一般跨度小，结构简单，造价低，光照和通风好，适合小规模猪场。双坡式一般跨度大，双列猪舍和多列猪舍常用该形式，其保温效果好，但投资较多。

图 1-3-1 单坡式

图 1-3-2 双坡式

图 1-3-3 平顶式

图 1-3-4 拱顶式

图 1-3-5 钟楼式

2. 按墙的结构和有无窗户分

根据墙的结构和有无窗户，猪舍有开放式、半开放式和密闭式。

（1）开放式猪舍（见图 1-3-6）

建筑形式：三面有墙一面无墙，通风透光好，不保温，造价低。

优点：结构简单，造价低，自然通风，省电和能源。

缺点：冬季防寒条件差，猪舍内部与外界空气无隔离，不利于防疫。

评价：适合在南方温暖地区和养猪密度小的地区使用。

（a）　　　　　　　　　　（b）

图 1-3-6　开放式猪舍

（2）半开放式猪舍。

建筑形式：三面有墙一面半截墙，保温稍优于开放式。

优点：靠窗启闭自然通风，省电；可以节约部分通风设备成本。

缺点：建筑造价相当于全封闭猪舍，在夏季和冬季，通风量明显不足，容易发生呼吸道等疾病，没有吊顶，能耗高且保温效果差，猪舍与外界自然环境隔绝程度低，不利于防疫。由于选择自然通风为主，猪舍跨度有限，所以建筑成本较高。

这是近 20 年来我国南北方养猪企业普遍采用的建筑模式。实践证明，这种模式既费煤、又费水，通风效果差，猪舍卫生差，工人劳动强度高。我国养猪场疫病频发，员工流动频繁，生产效率不高，与这种建筑模式有很大的关系。

（3）密闭式猪舍（见图 1-3-7 ~ 1-3-9）

建筑形式：四面有墙，又可分为有窗和无窗两种。

优点：能够较好地给猪提供适宜的环境条件，避免其受极端天气和有害气体伤害，有利于猪的生长发育和生产率的提高。猪舍与外界自然环境隔绝程度高，有利于猪传染病的防控。机械化、自动化程度高，用工人数少和工人劳动强度显著降低。

图 1-3-7　密闭式猪舍（1）

图 1-3-8　密闭式猪舍（2）

图 1-3-9　密闭式猪舍（3）

缺点：土建设备投资大，设备维修费用高；人工环境调控耗能高。

近 5 年来，我国南北方大型养猪企业和新兴养猪企业普遍采用这种建筑模式，特别是母猪舍的使用。在我国养猪场疫病频发，生产效率不高的严峻形势下，这种建筑模式将促进我国养猪业整体水平的提高。

3. 按猪栏排列

根据猪栏排列，猪舍有单列式、双列式和多列式（见图 1-3-10 ~ 1-3-12）。

图 1-3-10　单列式猪舍

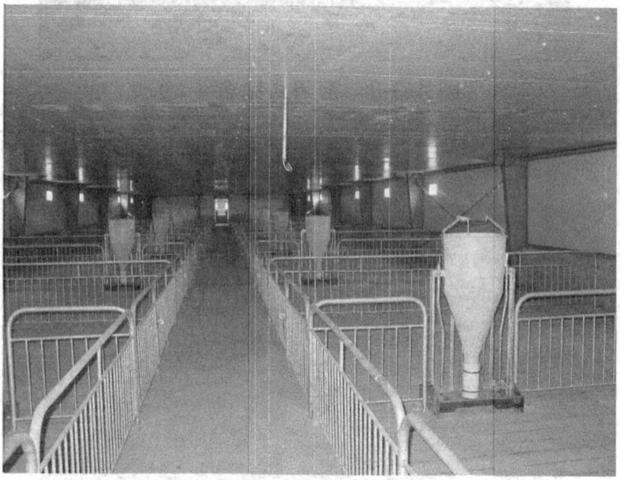

图 1-3-11　双列式猪舍

图 1-3-12 多列式猪舍

（二）猪舍的基本结构

完整的猪舍，主要由墙壁、屋顶、地板、粪尿沟、门窗、隔栏等部分构成。

1. 墙 壁

墙壁要求坚固、耐用、易清洁、保温性好。比较理想的墙壁为砖砌墙，要求水泥勾缝，离地 0.8 ~ 1.0 m 水泥抹光墙面。目前，墙体多采用新型材料，做成钢架结构支撑。

2. 屋 顶

屋顶应具有防水、保温、承重、结构轻便的特性。比较理想的屋顶为水泥预制板平板式，并加 15 ~ 20 cm 厚的土，以利于保温、防暑。目前，屋顶采用新型材料，做成钢架结构支撑系统、瓦楞钢房顶板，并夹有玻璃纤维保温棉，保温隔热效果良好，可吊顶。

空心隔热材料和保温挤塑板吊顶见图 1-3-13 和图 1-3-14。

3. 地 板

地板要求坚固、耐用、保温、平整、防滑、渗水良好。地板分实体地板和漏缝地板，比较理想的实体地板是水泥勾缝平砖式地板（属新技术）；其次为夯实的三合土地板，三合土要混合均匀，湿度适中，切实夯实。漏缝地板有全漏缝和半漏缝两种地板，材料组成主要有钢筋地板、铸铁焊接、塑料板块等。

(a)　　(b)

图 1-3-13　空心隔热材料

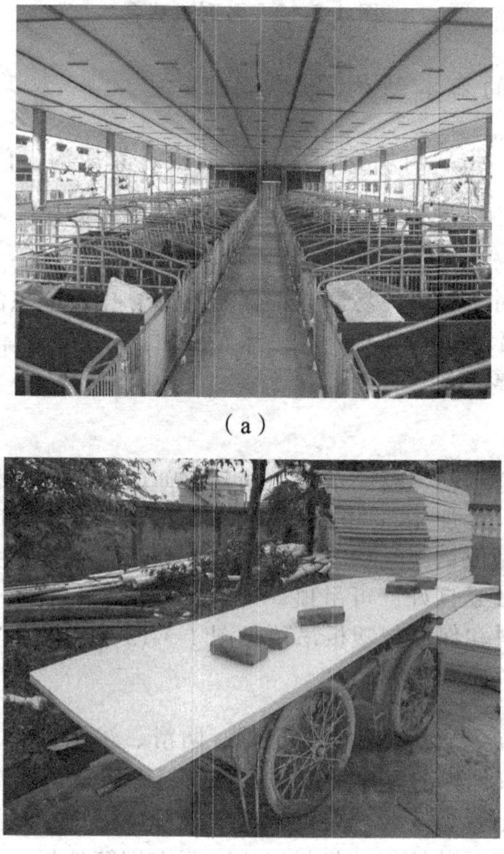

(a)

(b)

图 1-3-13　保温挤塑板吊顶

4. 粪尿沟

开放式猪舍的粪尿沟要求设在前墙外面；全封闭、半封闭猪舍的粪尿沟可设在距南墙 40 cm 处，并加盖漏缝地板。粪尿沟的宽度应根据猪舍内面积设计，至少有 30 cm 宽，高度应根据猪舍清粪要求设计。

5. 门 窗

猪舍门一律要向外开，门上不应有尖锐突出物，不应有门槛、台阶。双列猪舍中间道为双扇门，一般要求宽不小于 1.4 m，高 2 m；饲喂通道侧圈门高 0.8 ~ 1 m，宽 0.6 ~ 0.8 m。开放式的种公猪运动场前墙应设有门，高 0.8 ~ 1.0 m，宽 0.8 m。窗户距地面高 1.2 ~ 1.5 m，窗顶距屋檐 4 cm，两窗间隔距离为其宽度的 1 倍。

门窗的具体情况见图 1-3-15 ~ 1-3-19。

图 1-3-15

图 1-3-16

图 1-3-17

图 1-3-18

图 1-3-19

6. 隔 栏

除通栏猪舍外，在一般密闭猪舍内均需建隔栏。隔栏材料基本上有两种，即砖砌墙水泥抹面及钢栅栏（见图 1-3-20 和图 1-3-21）。

图 1-3-20 砖砌墙水泥抹面猪舍

图 1-3-21 钢栅栏隔栏猪舍

（三）猪舍类型及工艺设计要求

猪舍的设计与建筑首先要符合养猪生产工艺流程，其次要考虑各自的实际情况。一个从产仔到育肥猪上市的猪舍可分为下列几部分：公猪舍，空怀、妊娠母猪舍，分娩、哺乳舍，保育舍，生长、育肥舍和后备母猪舍。

1. 公猪舍

公猪舍一般为半开放式，内设走道，外有小运动场（与猪舍大小基本一样），以增加种公猪的运动量，一圈一头。单圈建筑面积一般为 8 ~ 10 m^2，猪舍温度要求 15 ~ 20 °C。

（1）要求。

① 维持公猪正常的繁殖性能。

② 避免高温环境对公猪的影响。

③ 防止猪栏设计伤及蹄脚。

④ 公猪栏要配合待配母猪栏设计。

⑤ 要易于管理。

⑥ 充足的运动环境。

⑦ 设置采精台与精液处理室。

⑧ 采精室旁边设置一个观察台，用于后备公猪的调教和观摩。

⑨ 最好是有垫料以保护公猪的脚。

⑩ 单养公猪，不能和后备母猪放在一个房间；否则后备猪对公猪不敏感、发情不明显，易激起公猪兴奋，导致公猪不吃料。

（2）规格。

① 最好建 6 ~ 7 m 深度的长方形栏舍，规格 3 m×2.4 m×1.2 m，每栏关 1 头公猪。

② 最好用单列式单走道。

③ 最好用水帘降温系统。

公猪栏见图 1-3-22 和图 1-3-23，公猪运动场见图 1-3-24，公猪站及其设施见图 1-3-25。

图 1-3-22　公猪栏（1）

图 1-3-23　公猪栏（2）

（a）

（b）

图 1-3-24　公猪运动场

（a）

（b）

图 1-3-25 公猪站及其设施

2. 空怀、妊娠母猪舍

空怀、妊娠母猪最常用的一种饲养方式是分组大栏群饲，一般每栏饲养空怀母猪 4～5 头、妊娠母猪 2～4 头。圈栏的结构有实体式、栏栅式、综合式三种，猪圈布置多为单走道双列式。猪圈面积一般为 7～9 m^2，地面坡降不要大于 3°，地表不要太光滑，以防母猪跌倒。大规模场多用限位栏（见图 1-3-26），规格为 2.1 m × 0.6 m × 1.0 m，但母猪淘汰率较高，夏季不利于降温。猪舍温度要求 15～20 °C。

图 1-3-26 限位栏空怀、妊娠母猪舍

（1）要求。

① 易于控制母猪采食量。

② 配种后防止胚胎死亡或胎儿死亡。

③ 不伤及母猪脚蹄。

④ 易于管理。

⑤ 避免高温影响。

（2）规格。

① 用二排式，定位栏的整体埋建很重要（倒水泥地板时，要用整体实心 2 cm 的钢筋和 4 cm×4 cm 的角铁事先预埋）。

② 跨度 7.2 m。

③ 吊顶高度 2.2 m。

④ 干清水冲洗式（小孔全漏粪或小孔半漏粪，离饮水槽 20 cm 处做一个小的漏粪排水沟，漏粪板伸出 20～30 cm）。

⑤ 用单卷帘（固定下边，上边升降）或大开拉式双层铝合金窗。

⑥ 料槽和采食槽共用，不采用饮水器供水，防止定位栏潮湿。

⑦ 整体山墙水帘降温和整体负压抽风，湿帘用水最好用深水井的水，侧面开门进出。购买水帘时，一定要冰蜡纸。冰蜡纸的边框要用整体模板倒好，不能用焊接的。湿帘厚度为 15 cm。猪舍长度在 50～70 m，纵向湿帘降温效果较好。猪舍密封效果越好降温效果也就越好，湿帘在冬天要用帘布封好以保温。

⑧ 出檐 80 cm 以上，雨水沟要做，雨污分离。所有沟最好做圆底沟。

⑨ 屋顶建筑材料：三明水泥瓦片加挤塑板平式吊顶（或喷 3 cm 聚氨酯钢构较为耐用）。隔热彩钢瓦，PVC 畜牧专业隔热瓦片。

⑩ 重胎的定位栏宽度内径为 68～70 cm；轻胎内径为 62～65 cm。

⑪ 空吊顶，有利于隔热保温，但要防老鼠。

⑫ 预留自动喂料系统。

3. 分娩哺育舍（建议使用高床）

舍内设有分娩栏，布置多为两列或三列式。舍内温度要求 15～20 °C，分娩栏位结构也因条件而异。地面分娩栏：采用单体栏，中间部分是母猪限位架，两侧是仔猪采食、饮水、取暖等的地方。母猪限位架的前方是前门，前门上设有食槽和饮水器，供母猪采食、饮水，限位架后部有后门，供母猪进入及清粪操作。可在栏位后部设漏缝地板，以排除栏内的粪便和污物。网上分娩栏：主要由分娩栏、仔猪围栏、钢筋编织的漏缝地板网、保温箱、支腿等组成。

（1）要求。

① 通风、温度适宜、空气清新。

② 防止猪舍潮湿。

③ 仔猪充分保温。

④ 防止母猪压死小猪。

⑤ 避免仔猪与母猪蹄部受到损伤。

⑥ 注意仔猪的卫生状况。

（2）规格。

① 喂料槽要宽，且要方便喂料和防止母猪甩料（可于料槽加一根横杆）。料槽上面最好加一个储料仓，可定量控制下料量，料槽最好用不锈钢或塑料的料槽，以便于清洗；在料槽的前面最好加装一个智能化的饮水开关，以方便喂完料后好给母猪加水；下面加一块铁板或塑钢板，要实心的，以防漏料（冬天母猪的日采集量不应低于 8 kg/头，夏天的日饮水量不应低于 24 L/头）。

② 哺乳仔猪保温最好用腹下保温配合背部保温（玻璃钢保温箱，底下用远红外线碳纤维电热保温板或奥斯本保温板，背部用取暖器替代保温灯保温）。

③ 母猪铸铁板要宽，仔猪采用塑料漏缝板，但要避免母猪在起卧时踩坏旁边的仔猪塑料漏缝板。

④ 双列式三走道头对头或尾对尾，大开式双层铝合金窗或大开式铝合金窗配合局部自动控制的百叶窗，必须在南走道产床底下安装单向负压排氨系统。分娩舍宽度 7.7 m，猪舍长度约 45 ~ 50 m，每小栋 20 ~ 24 栏，每个猪舍 40 ~ 48 栏，中间赶猪道下方共用一个排污道，避免污水在两小栋间交叉感染，中间走道 1.3 m，两边走道净宽 1 m，山墙斜坡赶猪道净宽 1.2 m，两边走道架空。分娩舍山墙朝东（即坐北朝南），后走道到吊顶净高 2 m，中间走道到吊顶净高 2.5 m。

⑤ 屋面和吊顶材料与怀孕舍的一样，梁与梁之间宽度为 5 m，以减少造价。

⑥ 分娩舍出檐 80 cm 以上。

⑦ 分娩舍产床漏缝板要方便拆装，便于清洗消毒。

⑧ 降温系统：采用湿帘降温或优质的冷风机降温系统。若是湿帘降温，湿帘必须安装在山墙。湿帘降温系统安装在赶猪道中间，湿帘高度有 1.6 m、1.8 m、2 m 三种，湿帘下檐与产床同高，两面湿帘间的宽度在 1.4 m 以上。

多栋共用一个湿帘降温系统水池以降低造价。湿帘厚度 15 cm，每平方米的湿帘可降温 70 m^3 的空间。湿帘降温效果好但湿度大，而且必须使用乳猪保温箱。若用冷风机正压降温，有利于乳猪保温，对母猪降温效果好，但造价高。冷风机功率视空间大小而定。

⑨ 母猪料槽高度为内弦距离产床床面 10 ~ 15 cm。

⑩ 乳猪饮水器最好采用乳头碗式饮水器，安装高度为 10 cm，母猪饮水器安装在料槽内。乳猪与母猪必须采用两套水压不同的饮水系统，母猪饮水器流量再分解在 2 L/min 以上，乳猪饮水器流量在每分钟 500 ~ 800 mL。乳猪饮水器和母猪饮水器用三通并联，以方便夏季饮水保健。

⑪ 乳猪补料槽用塑料或不锈钢圆形锁定型的，补料槽颜色要不同于漏缝地板的颜色。

⑫ 乳猪补料槽和母猪料槽下都要放一块实心的挡料板，以减少饲料的浪费。

⑬ 人工拣粪冲水式或水泡粪式两用产床，前高 48 cm，产床比后走道高 10 cm 便于清扫，产床下面采用斜坡式，斜坡 45°。

⑭ 水泡粪地基一定要牢，否则污水容易下渗，从而造成地基下沉。

⑮ 排粪沟用圆底。

⑯ 采用低空负压抽风系统，可以采用冷风机送风到母猪头部的方式给母猪降温，也可采用水帘降温。

高床分娩哺育舍见图 1-3-27 和图 1-3-28。

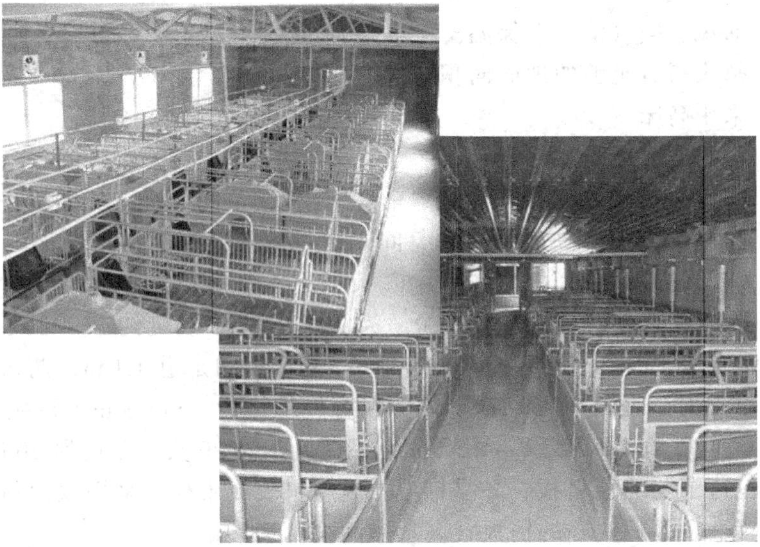

图 1-3-27 高床分娩哺育舍（1）

图 1-3-28 高床分娩哺育舍（2）

4. 保育舍（建议使用高床或半漏缝地板）

舍内温度要求 26 ~ 30 °C。可采用网上保育栏，1 ~ 2 窝一栏网上饲养，用自动落料食槽，自由采食。网上培育，减少了仔猪疾病的发生，有利于仔猪生长，提高了仔猪的成活率。仔猪保育栏主要由钢筋编织的漏缝地板网、围栏、自动落食槽、连接卡等组成。

（1）要求。

① 通风、空气清新、保温。

② 每头猪有足够的地面面积。

③ 采用高床。

④ 栏高度要适中。

⑤ 实行小单元式饲养，实施“全进全出”，一间分娩舍的断奶仔猪相应转入一间保育舍，两窝并为一栏。每间 12 栏，双排列，栏面离地 50 ~ 60 cm。

（2）规格。

① 一栋保育舍对应两栋分娩舍，为 20 ~ 24 栏，长度约 25 ~ 30 m，宽度为 8.1 m 或 9.3 m，三走道，两边走道 0.5 m，中间走道 1.1 m，两边走道架空或实心地面预埋负压排风管。内部保育栏规格为 2 m × 3 m（每栏关 15 ~ 18 头，保育到 20 kg）或 2 m × 3.6 m（每栏关 18 ~ 20 头，保育到 20 kg），夏季采用包边全漏缝塑料板，冬季铺上 2/5 塑料板或木板，采用双面料槽，料槽周边有一定面积实心的挡板料。从中间往两边冲洗。

② 中间走道离保育床面 45 cm。斜坡斜度 45 度，保育床面比后面过道

高 10 cm。水泡粪和冲洗式两用。塑料漏缝板规格为：49.5 cm × 60 cm，最适宜的漏缝板的缝宽度建议为 1.2 cm。

③ 安装一高一低两个乳头碗式饮水器，高度分别为：25 cm 和 30 cm，间距 50 cm。安装在靠后的两个隔栏之间；流速每分钟至少 1 ~ 1.2 L。加装一套加药饮水系统。

④ 安装朝南的负压抽风排气扇，排气扇安装位置要离猪栏 1 m 以上，防止排气扇在冲洗猪栏时被水淋湿。

⑤ 围栏高度 55 cm（对应保育体重 20 kg）。

⑥ 后走道和吊顶之间的高度为 2 m。

⑦ 用取暖器代替保温灯保温。

⑧ 气温较长时间低于 3 °C 的地区，室内加装类似于大棚蔬菜的保温棚。

⑨ 保育舍可采用水泡粪的方式，液面最低要有 35 cm 的水深。

⑩ 漏粪面积与地板面积按 3：2 的比例较为合适。

⑪ 用密闭式的铝合金门窗结合 2.2 m 的低空吊顶保温以及垫热板腹下保温和空负压抽风降低有害气体的含量。

⑫ 预留自由采食槽位。

半漏缝地板保育舍、全漏缝地板保育舍见图 1-3-29 和图 1-3-30。

图 1-3-29 半漏缝地板保育舍

图 1-3-30　全漏缝地板保育舍

5. 生长、育肥舍和后备母猪舍

这三种猪舍均采用大栏地面群养方式，自由采食，其结构形式基本相同，只是在外形尺寸上因饲养头数和猪体大小的不同而有所变化。

（1）要求。

① 通风、空气清新、环境温度、湿度适宜。

② 猪的密度适宜。

③ 猪舍清洗方便。

④ 增加猪只采食量，减少饲料浪费。

⑤ 控制有害气体。

（2）规格。

① 采用单列式单走道半漏缝水泡粪或水厕所的方式。

② 水厕所模式：走道净宽 1.2 m，水厕所宽 90 cm × 深 10 cm，靠墙最后设一个 10 cm 的沟，沟坡度为 0.5 ~ 1 度。每栏关 15 ~ 18 头，栏大小：3 m × 7.5 m（包括水厕所），猪舍规格为 9 m × 61 m，约 20 个栏，每舍关 360 ~ 400 头猪。檐口高度 2 m，屋顶高 2.9 m。采用双层大开拉铝合金窗。隔栏高度：45 cm 实心墙 45 cm 镀锌管。采用山墙湿帘降温。安装负压抽风的山墙预留

1.6 m×1.6 m 装排气扇的洞。若是平式吊顶，走道离吊顶 2.3 ~ 2.4 m。水厕所模式饲养效果好，唯一的缺点就是猪栏太潮湿。

③ 单列式半漏缝水泡粪模式：一半水泥地板，一半水泥漏缝板，最低处到漏缝板的高度为 1.2 ~ 1.8 m，其他尺寸参照水泡粪模式。

④ 全漏缝水泡粪模式。

⑤ 肉猪栏的深度最好为 6.5 ~ 7 m，宽度为 3 m。

⑥ 最好用双面采食料槽。

⑦ 可采用水帘降温和低空负压抽风。

⑧ 卷帘可固定下面、上面升降的方式。

⑨ 饮水器要 2 ~ 3 个，高度分别为：25 cm、30 cm、35 cm，饮水管要装在室内。

（3）新猪舍推广。

有条件的猪场，建议在建设肥育猪舍时采用全漏缝、开放式猪舍（即在建筑猪舍围墙或地板采用水泥混凝土单板条建筑）。这样有利于猪舍的通风、干燥、清洁，既能有效减少呼吸道疾病的发生，减小劳动强度，节省劳力，而且能显著提高饲料的转化率，提早 7 ~ 10 天出栏。

全漏缝、免冲洗生长育肥猪舍和半漏缝生长肥育猪舍见图 1-3-31 和图 1-3-32。

图 1-3-31　全漏缝、免冲洗生长育肥猪舍

图 1-3-32　半漏缝生长育肥猪舍

项目二　猪场环境控制

随着猪场集约化程度越来越高，配套现代化环境控制系统成为必然，通风干燥、保温换气、防暑降温、环境卫生等良好的猪群生长环境对猪群疾病控制以及生长等起着决定性作用。

任务一　通风干燥

猪舍的通风干燥是猪舍环境控制的第一要素，在任何季节都是必要的。它的效果直接影响猪舍空气的温度、湿度及空气质量，是猪舍内最廉价的消毒手段。如果通风不好，随时就会有大量的有害气体如氨气、二氧化碳和硫化氢等释放出来，并充溢于整个猪舍，影响猪的正常生长发育而引发多种疾病。

一、通风不良的危害

（1）通风不良导致猪缺氧和缺乏负氧离子，致使猪舍有害气体、灰尘、病原微生物的浓度增加，导致呼吸道疾病和其他疾病的发生。

（2）通风不良，猪舍就不够干燥，导致湿度大（适宜猪生活的相对湿度为 60%～80%），高湿度是各种病原性真菌、细菌、寄生虫生长发育的温床，容易引起各种疾病（疥癣、湿疹等皮肤病、乳猪球虫病和黄白痢、流感、风湿病、关节炎、肌肉炎、裂蹄等）。

通风不良引起的经济损失见表 2-1-1。

表 2-1-1　通风不良引起的经济损失

	超出适温	食欲下降	应激增加	健康变差	合计
料肉比变化	－0.21	－0.1	－0.05	－0.23	－0.4～－0.5
日增重下降（g/天）	－45	－20	－10	－50	－125

猪舍通风对比见图 2-1-1。

（a）通风不良　　（b）通风良好

图 2-1-1

（3）有害气体的影响：猪舍中有害气体主要来自密集饲养的猪的呼吸、排泄和生产中的有机物分解。有害气体主要有氨气、硫化氢、一氧化碳和二氧化碳等。

① 氨气（NH_3）。

氨气（氨）主要来自于粪便的分解，易溶于水，在猪舍中常被溶解或吸附在潮湿的地面、墙壁和猪黏膜上。氨能刺激黏膜，易造成猪眼结膜充血，发生炎症。氨进入呼吸系统后，容易引起猪咳嗽、打喷嚏，上呼吸道黏膜充血、红肿、分泌物增加，甚至引起肺部炎症；氨还能引起中枢神经系统麻痹，中毒性肝病等。猪长期生活在低浓度的氨气环境中，虽然没有明显的病理变化，但容易出现采食量降低，消化率下降，对疾病的抵抗力降低，生产力下降。主要表观现象为：皮肤苍白，毛色杂乱，呼吸道疾病增加。这种慢性中毒，需经过一段时间才能被人察觉，往往危害更大，应引起高度注意。据试验报道，猪的生产性能在空气中氨的体积浓度达到 0.005%（50 mL/m^3）时开始受到影响，0.01% 时食欲降低和易起各种呼吸道疾病，0.03% 时引起呼吸变浅和痉挛。猪舍的氨含量一般应控制在 0.003% 以内。

② 硫化氢（H_2S）。

硫化氢是一种无色、易挥发的恶臭气体。在猪舍中主要由含硫物分解而来。硫化氢产生自猪舍地面，且比重较大，故愈接近地面，浓度愈大。硫化氢对猪的黏膜有刺激和腐蚀作用，容易引起眼炎和呼吸道炎症，出现畏光、咳嗽，发生鼻塞、气管炎甚至引起肺水肿。硫化氢最大的危害在于具有强烈的还原性，能随空气经肺泡吸收进入血液循环，与细胞中氧化型细胞色素氧化酶中的 Fe^{3+} 结合，破坏了这种酶的组成，从而影响细胞呼吸，造成组织缺氧。所以长期处在低浓度硫化氢的环境中，猪体质变弱、抗病力下降，易引发肠胃病、心脏衰弱等。高浓度的硫化氢可直接抑制呼吸中枢，引起窒息，以致猪死亡。当硫化氢浓度达到 0.002% 时，会影响猪的食欲。猪舍内硫化氨浓度不应超过 0.001%。

③ 一氧化碳（CO）。

一氧化碳为无色、无味的气体。猪舍中一般没有多少一氧化碳。当冬季在密闭的猪舍内生火取暖时，若燃料燃烧不完全，就会产生大量一氧化碳。一氧化碳对血液、神经系统具有毒害作用。它通过肺泡进入血液循环，与血红蛋白结合形成相对稳定的碳氧基血红蛋白，这种血红蛋白不易解离，不仅减少了血细胞的携氧功能，还容易抑制和减缓氧合血红蛋白的解离与氧的释放，造成机体急性缺氧，发生血管和神经细胞的机能障碍，出现呼吸、循环和神经系统的病变。碳氧基血红蛋白的解离要比氧合血红蛋白慢 3 600 倍，因此中毒后有持久的毒害作用。当一氧化碳浓度在 0.05% 时，短时间内就可引发猪急性中毒。猪舍内一氧化碳的浓度应低于 0.002 5%。

④ 二氧化碳（CO_2）。

二氧化碳主要来源是猪舍内猪的呼吸。一头体重 100 kg 的肥猪，每小时可呼出二氧化碳 43 L，因此猪舍内二氧化碳的含量往往比大气中二氧化碳日含量高出许多倍。二氧化碳本身无毒，它的危害主要是造成猪缺氧，引起慢性毒害。猪长期处在缺氧的环境中，会出现精神萎靡、食欲减退、体质下降、生产力降低，对疾病的抵抗力减弱，特别易于感染结核病等传染病。猪舍内二氧化碳体积浓度不应超过 0.15%。虽然二氧化碳本身不会引起猪中毒，但二氧化碳浓度的卫生意义在于，它能表明猪舍内空气的污浊程度，亦表明猪舍内空气中可能存在多少其他有害气体。因此，二氧化碳的浓度可作为猪舍卫生评定的一项间接指标。

⑤ 恶臭物质。

恶臭物质的成分及性质非常复杂，猪突然暴露在有恶臭气体的环境中，就会反射性地引起吸气抑制，呼吸次数减少，深度变浅，轻者产生刺激，发生炎症；重则神经麻痹，窒息死亡。经常受恶臭刺激，会使猪的内分泌功能紊乱，影响机体的代谢活动。恶臭还可造成嗅觉丧失、嗅觉疲劳等障碍，使猪出现头痛、头晕、失眠、烦躁、抑郁等。有些恶臭物质随降雨进入土壤或水体，可污染水和饲料。饲料和饮水被污染后，容易对猪体消化系统造成危害，如发生胃肠炎、丧失食欲、呕吐、恶心、腹泻等。

恶臭轻度表示法见表 2-1-2。

表 2-1-2　恶臭轻度表示法

级别	强度	说明
0	无	无任何异味
1	微弱	一般人难于察觉，但嗅觉敏感的人可以察觉
2	弱	一般人刚能察觉
3	明显	能明显察觉
4	强	有很显著的臭味
5	很强	有很强烈的恶臭异味

资料来源：农业部标准与技术规范编写组：《畜禽饲养场废弃物排放标准编制说明》，1994 年。

（4）高湿对猪健康的影响。

① 高温高湿。

高温高湿有利于病原性真菌、细菌和寄生虫的生长发育，猪的癣、疥、湿疹等皮肤病和球虫病易于流行；猪的布鲁氏菌、鼻疽放线杆菌、大肠杆菌、溶血性链球菌和无囊膜病毒的存活；还易使饲料、垫草霉变暴发曲霉菌病。

② 低温高湿。

低温高湿易使猪患各种感冒性疾患和神经痛、风湿症、关节炎和肌肉炎，也易导致消化道疾病的发生。

二、通风换气的目的

（1）通风是调节猪舍有效温度的重要工具，尤其在气温高的夏季，通过加大气流促进猪体的散热使其感到舒适，以缓和高温对猪体的不良影响。

（2）通风换气可以排除猪舍中的污浊空气、尘埃、微生物和有毒有害气体，防止猪舍内潮湿，保障舍内空气清新。尤其在猪舍密闭的情况下，引进舍外的新鲜空气，可以排除舍内的污浊空气，以改善猪舍的空气环境质量。

三、通风换气的方式

（一）自然通风

自然通风指设进、排风口（主要指门窗），靠风压和热压为动力的通风。开放舍可采用自然通风方式（见图 2-1-2）。

图 2-1-2 自然通风

（二）机械通风

机械通风是靠通风机械为动力的通风。封闭舍（分娩舍、保育舍）必须采用机械通风，猪舍机械通风通常有进气通风系统、排气通风系统两种形式。

1. 进气通风系统

进气通风系统又称正压通风系统。风机将舍外空气强制送入舍内，在舍内形成正压，迫使舍内空气通过排气口流出，实现通风换气。根据风机位置分侧壁送风、屋顶送风形式。其优点是可以方便地对进入舍内的新鲜空气进行加热、冷却和过滤等预处理，在严寒、炎热地区适用，对猪舍冬季环境控制效果良好；缺点是由于形成正压，迫使舍内潮湿空气进入墙体和天花板，且易在屋角形成气流死角。

2. 排气通风系统

排气通风系统又称负压通风系统。风机将舍内污浊空气强制排出舍外，在舍内形成负压，舍外空气通过进气口或进气管流入舍内，实现通风换气。根据风机安装位置可分为两侧排风、屋顶排风、横向负压排风和纵向负压排风。一般跨度小于 12 m 的猪舍可采用横向负压通风，如果通风距离过长，易导致舍内气温不匀、温差大，对猪体不利。跨度大的猪舍可采用屋顶排风式负压通风，高床饲养工艺的分娩舍、保育舍采用两侧排风式负压通风。纵向负压通风可适用于各类猪舍。

各类通风系统见图 2-1-3 ~ 2-1-7。

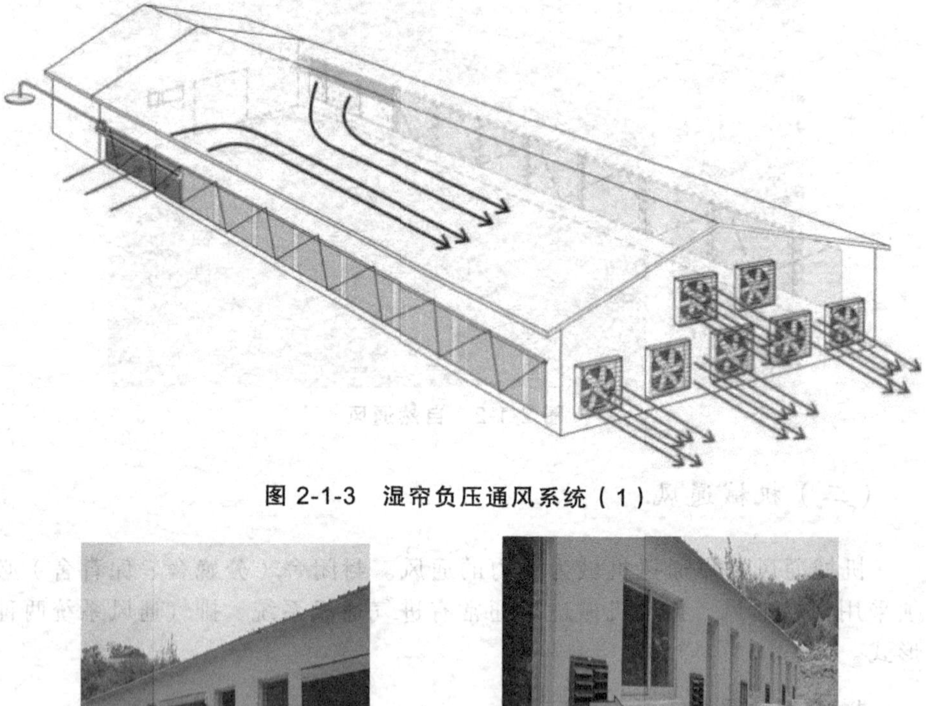

图 2-1-3 湿帘负压通风系统（1）

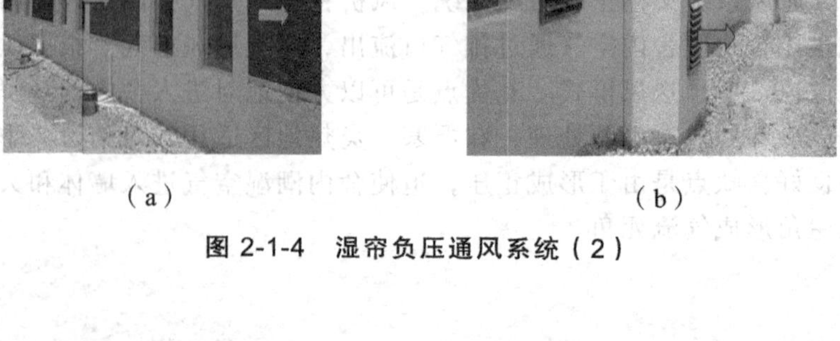

（a）　　　　（b）

图 2-1-4 湿帘负压通风系统（2）

（a）负压抽风

（b）纵向抽风

图 2-1-5　湿帘负压通风系统（3）

（a）

（b）

图 2-1-6　湿帘负压通风系统（4）

（a） （b）

（c） （d）

图 2-1-7　屋顶抽风通风系统

（1）纵向通风的优点。

① 提高风速。纵向通风舍内平均风速比横向通风平均风速高 5 倍以上，实测也证明，纵向通风舍内风速可达 0.7 m/s 以上，夏季可达 1.0 ~ 2.0 m/s。

② 气流分布均匀。进入舍内的空气均沿一个方向平稳流动，空气的流动路线为直线，因而气流在猪舍纵向各断面的速度可保持均匀一致，舍内气流死角少。

③ 改善空气环境。合理设计纵向通风，猪舍环境内细菌数量下降 70%；NH_3、H_2S、尘埃量都有所下降，因此保证了生产区空气清新，也便于栋舍间的绿化，改善生产区的环境。

④ 节能、降低费用。纵向通风可采用大流量节能风机，风机排风量大，使用台数少，因而可节约设备投资、安装接线费用和维修管理费用 20% ~ 35%，节约电能及运行费用 40% ~ 60%。

⑤ 提高生产力。采用纵向通风，可使饲料报酬提高，死亡率下降。

（2）纵向通风整个系统包括排风扇、进气口、控制器、取暖器（冬季）、蒸发降温装置（夏季）等。

① 排风扇（见图 2-1-8）。

要选择不同型号和尺寸的风扇分别用于寒冷、温和及炎热的季节。

排风扇的安装要求：每台风扇安装的间距不要超过推荐的最大间距值；要沿着猪舍的中央部位；避开角落；要便于接线和维修。

选择排风扇时应考虑的因素：气流量、风扇曲面形状、功率、噪音、质量、售后服务、价格。

噪音的控制：要避免转速接近 3 500 r/min，因为风扇会产生很大的噪音，因此直接电机驱动风扇应该低于 1 800 r/min。皮带驱动风扇一般在 500 r/min 转时，风扇就会比较安静。

② 进气口。

要求：能使空气均匀分布；大小要能满足最大通风需要；要能够适当调节进气量；天花板要有足够的位置来安装进气口。

排布：进气口的排布决定了空气的分布，良好的空气分布才能排除死角以及限制有害的风。冬、夏季要使用不同的进风口，使气流流向猪的屁股或头部。

风速：要使用仪器来测量进气口的风速，一般来说，需要达到 4 ~ 51 m/s（这是侧进气口的要求，如果是天花板进风口则是 2 m/s）。如果超过 5 m/s，说明猪舍的进气口数量不够，应多开几个进气口。

天花板进风口：这种进风口是四面出风，其进气量大，达 3 400 m^3/h。当然，要顺着纵向通风的方向开启，防止在冬季形成直接下降的冷风流。

③ 中央控制器（见图 2-1-9 ~ 2-1-11）。

中央控制器是环境控制系统的核心部分，它可以控制风机、通风小窗、卷帘、湿帘、灯光、加热、供料等设备。通过感应室内外温度实现各风机开启与关闭，通过感应压力调节通风小窗系统的开启与关闭，可实现春、夏、秋、冬不同季节通风模式的自动控制。控制器要求全系统集成控制、要有灵活性、能够实行小范围改进、性能可靠、容易弄懂及容易操作。

图 2-1-8 排气扇

（a）

（b）

图 2-1-9　环境中央控制器（1）

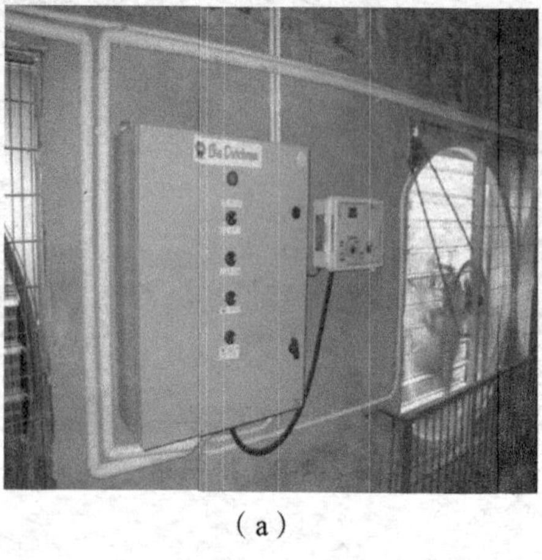

（a）

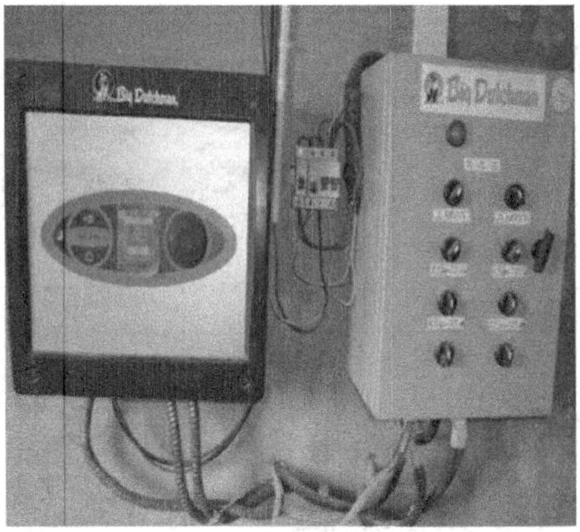

（b）

图 2-1-10　环境中央控制器（2）

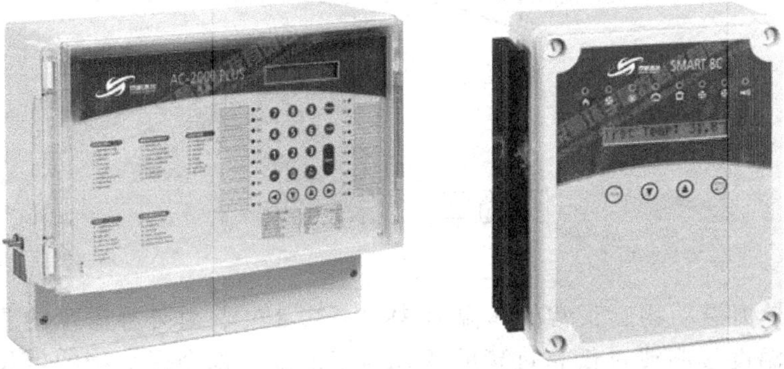

图 2-1-11　环境中央控制器（3）

（三）联合通风

具体来说，联合通风应该叫作横纵向联合负压通风，包括横向通风和纵向通风（见图 2-1-12）。横向通风主要用于舍内换气，纵向通风用于舍内降温。

在温度低于需要的温度时，系统运行在横向通风模式下，随着温度的升高，横向进风口的大小和排风量同时增大，以增大换气量和降低舍内温度。相对于通过纵向通风换气，横向模式不会对畜体产生风冷效应，舍内温度的变化更平缓。当温度过高，横向模式运行最大，温度还无法下降的时候，横向模式将关闭，转换到纵向通风模式，此时纵向进风口全部开启，大风机将逐次打开，直至水帘开启。相对于横向通风降温，纵向模式直接作用于畜体上，产生较强的风冷效应，而且舍内温度的下降速度也更快。

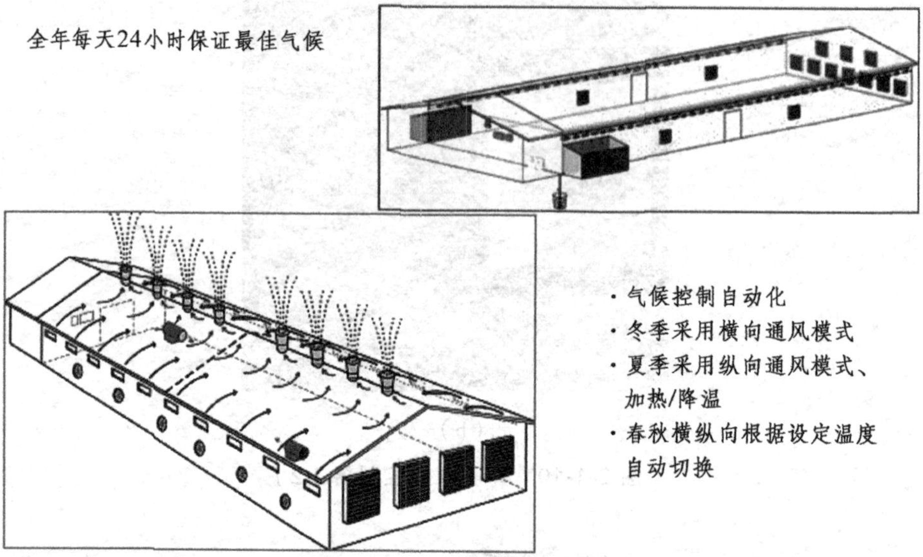
全年每天24小时保证最佳气候
·气候控制自动化
·冬季采用横向通风模式
·夏季采用纵向通风模式、加热/降温
·春秋横纵向根据设定温度自动切换

图 2-1-12 联合-纵向通风

任务二 保温换气

猪是恒温动物，正常的体温为 38.7 ~ 39.8 °C，对外界温度的要求比较严格，温度过高或过低超过猪的适宜温度范围，都会影响猪的生长发育，造成饲料消耗增加，饲养成本增加，严重的还会引起猪发病甚至死亡。但在做好保温工作的同时，必须做好通风换气的工作，高浓度氨气会诱发呼吸道等疾病。

一、猪对温度的具体要求

据试验，猪只生长发育最快，饲料消耗最低，最适宜的温度为 20 ~ 24 °C。猪只性别不同、日龄不同，其最适宜的温度也不尽相同。

（一）仔猪的适宜温度

初生仔猪对外界的温度要求较高（见表 2-2-1），且对温度极为敏感，因此搞好保温工作就显得尤其重要。以后随着日龄的不断增长，对外界温度的适应性能逐步提高，对温度的要求也日趋宽松。

表 2-2-1 仔猪不同日龄适宜温度参考值

日龄	1	2 ~ 3	4 ~ 7	8 ~ 20
温度（°C）	35	33 ~ 30	30 ~ 28	28 ~ 26

（二）母猪的适宜温度

空怀母猪的适宜温度为 16 ~ 19 °C；怀孕母猪的适宜温度为 14 ~ 16 °C，母猪产仔后哺乳期的适宜温度为 15 ~ 20 °C。

（三）种公猪的适宜温度

种公猪的适宜温度为 18 ~ 20 °C。公猪对高温最为敏感，造精功能产生障碍的极限温度是 30 °C，阴囊有特殊的热调节能力，睾丸温度比体温低 4 ~ 5 °C 时最利于精子生成。

值得注意的是：无论是种猪、母猪，还是仔猪，当温度达到 40 °C 时，都无法支持下去，甚至造成死亡。因此，炎夏养猪，一定要搞好防暑降温工作。

二、温度与猪生长发育的关系

猪只的生长发育规律是：小猪毛稀，皮肤和皮下脂肪层薄，因而怕冷；大猪皮肤和皮下脂肪层厚，汗腺退化，不能靠出汗来调节体温，因而怕热。因此，养猪要想获取安全高效益，必须人为地为猪只生长发育创造适宜的温度条件。

（1）温度过高或过低，都会造成种公猪性欲降低，甚至出现畸形精子和死精，影响母猪受胎，降低配种率。

（2）怀孕 3 ~ 25 天的母猪在 32 °C 的高温条件下，要比在 15 °C 的温度条件下少产仔猪 2 ~ 3 头。

（3）持续 27 ~ 30 °C 的高温，会影响母猪发情和排卵，显著降低母猪的受胎率，同时还会造成母猪死胎。

（4）在猪适宜的温度 20 ~ 24 °C 范围内，每降低 1 °C，增重 1 kg，断奶仔猪和生长育肥猪分别多耗饲料 43.6 g 和 76.9 g，而低于适宜温度的下限是 20 °C，每下降 1 °C，日增重减少 15 g，同时多消耗饲料 3 g。温度达到 37.8 °C 时，68 kg 以上的成猪，会出现减重现象。温度越高，减重幅度越大，直至导致猪采食量下降，严重时还可能会中暑死亡。

三、保温换气的管理

（一）外围护结构的保温

猪舍的保温设计，要根据地区差异和猪种气候生理的要求选择适当的建筑材料和合理的猪舍外围护结构，使围护结构总热阻值达到基本要求，这是畜舍保温隔热的根本措施。在选择墙和屋顶的构造方案时，应尽量选择导热系数小的材料。目前，一些新型保温材料已经应用在猪舍建筑上，如中间夹聚苯板的双层彩钢复合板、透明的阳光板、钢板内喷聚乙烯发泡等。

（二）建筑防寒措施

1. 选择适宜防寒的猪舍建筑形式

中国东西南北跨度大，没有一个适于全国各地气候特点的统一猪舍建筑模式。根据南北气温的差异，我国从北到南可以划分为 5 个区域气候分布，即热带季风气候、亚热带季风气候、高原山地气候、温带大陆性气候、温带季风气候。猪舍建筑形式应考虑当地寒冷程度、饲养猪的品种及饲养阶段。严寒地区宜选择有窗式或密闭式猪舍；冬冷夏热地区的育成育肥猪舍可以考虑半开放式，但冬季应搭设塑料棚或塑料薄膜窗保暖。

2. 猪舍的朝向

设计猪舍朝向时，应根据本地风向频率，结合防寒、防暑的要求，确定适宜的朝向。猪舍朝向主要考虑两个方面的因素：一是日照条件，合理利用太阳辐射热量。太阳辐射能，能以两种不同的方式提高猪舍温度，当猪舍围护结构受太阳辐射时，它所吸收的能量使其表面温度升高，由此产生的热量通过围护结构传入舍内；同时，太阳辐射能通过窗洞口直接进入舍内，形成“温室效应”。在寒冷季节，此辐射能是一种免费而有益的热能；到炎夏，则成为舍内不利的余热。可见，要利用和限制太阳辐射热对猪舍环境的影响，必须采取多种措施，其中选择适宜的猪舍朝向是极为重要的。目前，猪舍建筑多为狭长形，长度比跨度大得多，一般为 8∶1～15∶1。在冬季，为争取最大的太阳辐射热量，应将纵墙面对着太阳辐射强度较大的方向，夏季炎热地区的猪舍应尽量避免太阳辐射热量导致余热剧增，宜将猪舍纵墙避开太阳辐射强度较大的方向。二是通风条件，合理利用主导风向。选择猪舍纵墙与冬季主风向平行或形成 0～45 度角的朝向，这样能减少冷风渗透量，有利于保温；选择猪舍纵墙与夏季主风向形成 30～45 度角，使涡风区减少，通风均匀，有利于防暑，排除污浊空气效果也好。

3. 门窗设计（见图 2-2-1）

图 2-1-1

在寒冷地区，门窗的设置应在满足通风和采光的条件下，尽量少设。北侧和西侧冬季迎风，应尽量不设门；必须设门时，应加门斗；北侧窗面积也应酌情减少，一般可按南窗面积的 1/2～1/4 设置。必要时，猪舍的窗也可采用双层窗或单框双层玻璃窗。

4. 减少外围护结构的面积

在寒冷地区，屋顶吊顶天棚（见图 2-2-2 和图 2-2-3）是重要的防寒保温措施。另外，修建多层猪舍不仅可以节约土地面积，而且有利于保温隔热，因为顶层和底层分别避免了地面或屋顶失热，其他各层则避免了地面和屋顶双向失热。

图 2-2-2

图 2-2-3　吊顶板

5. 猪舍的地面保温

地面的保温、隔热性能，直接影响地面平养猪舍的体热调节，也关系到舍内热量的散失，因此猪舍地面保温很重要。铺设保温层的地面称为保温地面。例如，在猪的高床或栏内地面加设木板或塑料等，以减缓地面散热。

（三）猪舍的供暖

1. 集中供暖

由一个集中的热源（锅炉房或其他热源），将热水、蒸汽或预热后的空气，通过管道输送到舍内或舍内的散热器（暖气片等）。

（1）水暖系统（见图 2-2-4）。

以水为热媒，经锅炉加温加压的热水，通过管道循环，输送到舍内的散热器，为猪提供所需的温度。为防止热能散失，水管下一定要铺设隔热层（一般铺一层 2.5 cm 厚的聚氨酯）和做防潮层。热水采暖系统主要由提供热源的热水锅炉、热水输送管道及散热设备等构成。

图 2-2-4　水暖保温

（2）热风采暖。

热风采暖是利用热源将空气加热到要求的温度，然后用风机将热空气送入采暖间。热风采暖设备的投资一般来说比热水采暖的投资要低一些。可以和冬季通风相结合，将新鲜空气加热后送入采暖间。此外，它的供热分配均匀，便于调节。热风采暖系统的缺点是采暖系统的热惰性小，一旦停止工作，采暖供热几乎立即减为零。现在很多寒冷地区已经推广使用暖风机及热风炉（见图 2-2-5）。

图 2-2-5　热风炉保温

2. 局部供暖

规模化养猪生产中，局部采暖主要应用在产仔母猪舍的仔猪活动区，其设备有加热地板、加热保温板、红外线灯、 保温箱、火炉（包括火墙、地龙等）等。

（1）加热地板。

加热地板有热水管和电热线两种。用热水管加热地板，加热水管埋在混凝土地板中，混凝土地板下有防水绝热层。水泵将热水泵入地板下的加热水管，流动的热水通过热水管对地板加热，地板下的传感器将所测得的温度传给恒温器来启、停水泵。用电加热线加热地板，电加热线的功率以每米 7 ~ 23 瓦为宜，电加热线安装于水泥地面以下 3.5 ~ 5 cm 处，下有隔热层及防水层。在安装加热地板前应多次试验确认其没有断路或短路现象。加热地板上应避免有铁栏杆等。应设恒温器来控制地板温度。

（2）加热保温板（见图 2-2-6 ~ 2-2-8）。

将电加热线安在工程塑料板内，板面有条纹防止跌滑，内装感温元件，形成加热保温板。加热保温板可铺在地，面上供仔猪躺卧。由于热空气向上运动，如果在板上加盖罩子，则可以阻止热空气的上升，罩内会更温暖。电热恒温保暖板的板面温度为 26 ~ 32 °C。产品结构合理，安全省电，使用方便，调温灵活，恒温准确，适用于大型猪场。

图 2-2-6 电热保温板

图 2-2-7

图 2-2-8

（3）红外线灯。

红外线辐射热可以来自电或一些可燃气体。对产后最初几天的仔猪，如果下面有加热地板，每窝仔猪的红外线灯的功率可为 200 瓦，如果无加热地板，功率应大于 500 瓦。红外线灯的功率不同、悬挂高度应不同，悬挂高度可根据仔猪对温度的需要来调节。当水滴溅到红外线灯上时，红外线灯极易炸裂，故需防溅。此法设备简单，保温效果好，并有防治皮肤病的作用。

（4）保温箱（见图 2-2-9 ~ 2-2-11）。

图 2-2-9 保温箱（1）

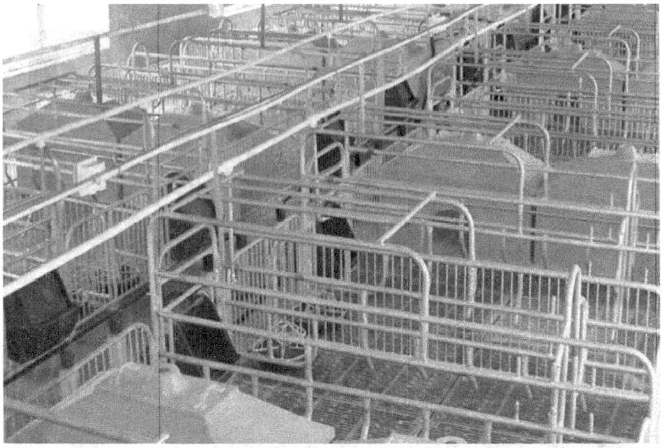

图 2-2-10　保温箱（2）

图 2-2-11　保温箱（3）

保温箱在猪舍内为仔猪提供了一个更小的、便于控制的人工气候环境。箱内热源除了猪的体热外，人工热源可以是白炽灯、红外灯、石英灯，也可以是埋在板中的电加热线，固态发热体等。有的箱内一般装有恒温装置，如远红外加热保温箱。保温箱大小长 100 cm，高 60 cm，宽 50 ~ 60 cm。用远红外线发热板接上可控温度元件平放在箱盖上。保温箱的温度根据仔猪的日龄来进行调节，为便于消毒清洗，箱盖可拿开，箱体材料要用防水材料。

（5）火炉（包括火墙、地龙等）。

火炉的主要形式为煤炉保温（见图 2-2-12）。

图 2-2-12　煤炉保温

四、处理好保温与通风

保温与通风换气是养猪场冬天工作的重点与难点，做好保温与通风换气工作意味着可以减少药费和降低饲料成本，尤其是产房和保育舍更是如此。大环境通风，小环境保温见图 2-2-13。大环境指整个舍内的环境；小环境是指保温箱内、保温灯下的环境。要求舍内在保持比较好的空气质量前提下，最大限度地提高猪舍温度，保温箱内、保温灯下要达到猪群所需要的温度。

图 2-2-13

保温与通风的措施为：

（1）窗户调整：多通过调整开关窗户的大小来调整通风与保暖的工作，如室内温度高、通风又不好，可以把窗户调大；反之亦然。特别注意：栏舍有两头猪只时，窗户可关多一点或开保温灯。开窗顺序为：先开南边再开北边，先开气窗再开大窗，从小到大，避免温差太大而刺激仔猪。

（2）风机开放：在全开保温灯、煤炉等保温措施的前提下，不便于调整窗户时，可定期开关风机。

任务三　防暑降温

在夏季，大多数地区猪舍内的温度偏高，必须考虑防暑。在南方地区，通常采用开敞式或有窗式建筑结构，舍内气温基本受舍外气候控制，因此在高温期间也应采取有效的降温措施。

一、高温对各类猪群的危害

（一）公　猪

种猪的最适宜温度是 18 ~ 20 °C，夏季温度过高（超过 37 °C，连续一周），会使种猪食欲减退，精子活力降低，密度降低，死精、畸形精增加，公猪性欲下降，配种能力下降。

（二）怀孕母猪

高温易使怀孕母猪食欲减退、死胎数增加，易引起流产（当气温连续几天超过 35 °C 时，就易引起母猪流产）；重胎期母猪易患气喘，初生弱仔多等。

（三）哺乳母猪

高温易使哺乳母猪食欲减退、采食量下降、掉膘严重、奶水不足；断奶后，发情时间延长、排卵数减少。

（四）商品猪

高温易使商品猪食欲减退、采食量下降，饲料利用率、日增重下降，出栏时间延迟。严重时（连续的酷暑天气），会造成一些猪中暑、休克，甚至突然死亡。

不同月份对母猪受胎率及产子数的影响见图 2-3-1。

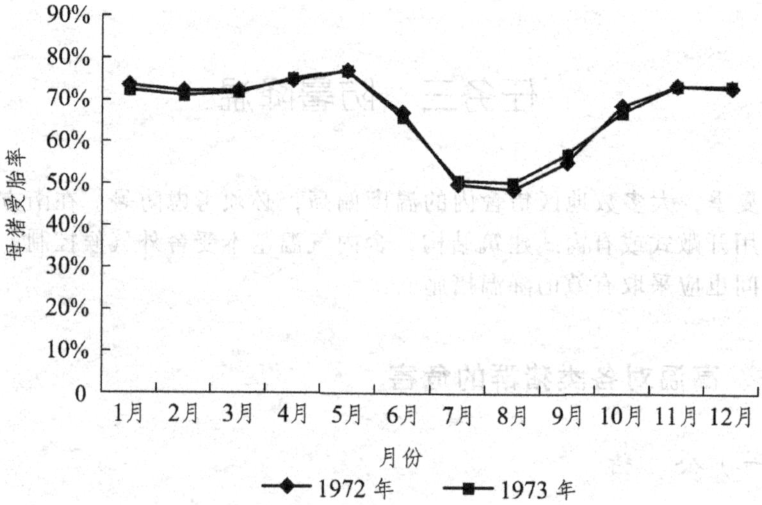

图 2-3-1 不同月份对母猪受胎率及产子数的影响

二、防暑降温的措施

（一）外围护结构的隔热

在炎热的夏季，猪舍的热量主要是通过外围护结构（特别是屋顶）传入的热量，以及猪体产生的热量。在夏季，通过加大外围护结构来减少总热量，控制其内表面温度使之不致过高，以降低对人畜造成的热辐射，同时也可减少传入的热量。

外围护结构的隔热形式见图 2-3-2 ~ 2-3-4。

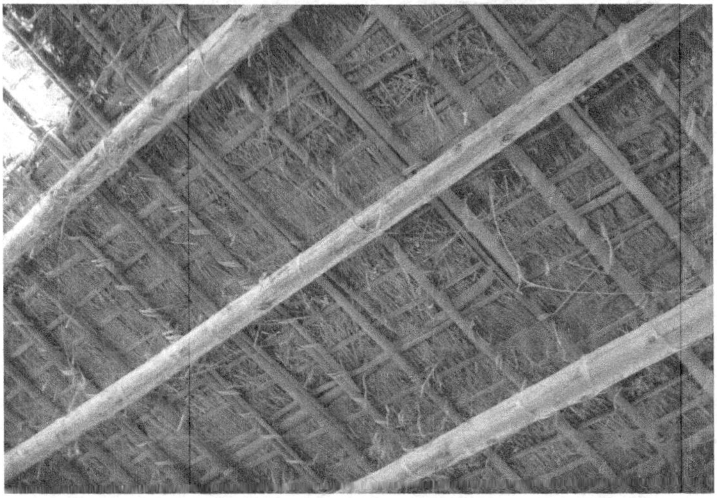

图 2-3-2 稻草隔热模式

（a）

（b）

图 2-3-3　空心隔热材料

图 2-3-4

（二）建筑防暑与绿化

1. 建筑防暑

（1）通风屋顶：在两山墙上设通风口（加百叶窗或铁丝网防鸟兽进入），

夏季通风防暑，冬季关闭百叶窗保温。（见图 2-3-5）

（2）建筑遮阳：试验证明，通过遮阳可在不同方向的外围护结构上使传入猪舍内的热量减少 17%～35%。

（3）采用浅色、光平外表面：深黑色、粗糙的油毡屋面对太阳辐射热的吸收系数为 0.86，红瓦屋面和水泥粉刷的浅灰色光平墙面的吸收产物均为 0.56，白色石膏粉刷的光平表面的吸收系数为 0.26。

（4）加强舍内通风的建筑措施。

图 2-3-5

2. 绿化防暑

场区内猪舍间植树、种草能够改善场区内的小气候。植树造林可有效降低冬春季风速和夏秋季气温，并能降低空气中有害气体的浓度，减少空气中细菌和尘埃的数量。场外的绿化带可在场区上风向植 5～10 m 宽的防风林，其他方向植 3～5 m 宽的防风林，场内各区间可植 3～5 m 宽的隔离林，道路两旁应植行道树，猪舍前后可进行遮阴绿化，场区内的空闲地应种植花草，以绿化、美化环境。

研究表明：实施这一措施后，对改善小气候环境有重要作用，可使冬季的风速降低 75%～80%、夏季气温降低 10%～20%、有毒有害气体减少 25%，臭气减小 50%、尘埃减少 35%～65%、细菌数量减少 20%～60%，给猪只的健康生长提供了一个优越舒适的环境。

3. 猪舍的降温

（1）湿帘（或湿垫）风机降温系统（见图 2-3-6）。

湿帘风机降温系统是一种生产性降温设备，主要是靠蒸发降温，也可辅以通风降温。它由湿帘（或湿垫）、风机、循环水路及控制装置组成。湿帘降温系统在于热地区的降温效果十分明显。在较湿热地区，除了某些湿度较高的日数，这也是一种可行的降温设备。湿帘降温系统既可将湿帘安装在一侧纵墙上，风机安装在另一侧纵墙上，使空气流在舍内横向流动；也可将湿帘、风机各安装在两侧山墙上，使空气流在舍内纵向流动。

图 2-3-6

湿帘降温系统中，湿帘的好坏，对降温效果影响很大。相对来说，经树脂处理的做成波纹蜂窝结构的湿强纸湿垫降温效果好，通风阻力小，结构稳定，安装方便，可连续使用多年。当其垫面风速为 1 ~ 1.5 m/s 时，湿垫阻力为 10 ~ 15 Pa，降温效率为 80%。

湿帘（或湿垫）也可用白杨木刨花、棕丝、多孔混凝土板、塑料板、草绳等制成。白杨木刨花制成湿垫时，若增大刨花垫的厚度和密度，能增加降温效果，但也增大了通风阻力。白杨木刨花湿垫的密度为 25 kg/m^3，厚度为 8 cm 的结构较合理。刨花湿垫的合理迎风面风速为 0.6 ~ 0.8 m/s。

每次用完后，水泵应比风机提前几分钟停车，使湿垫蒸发变干，减少湿垫长水苔。在冬季，湿帘外侧要加盖保温。白杨刨花湿垫一般每年都要更换一次，波纹湿强纸湿垫大约有 5 年使用寿命，这往往不是强度破坏，而是湿垫表面积聚的水垢和水苔，使它丧失了吸水性和缩小了过流断面。在使用过程中，白杨木刨花会发生坍落沉积，波纹湿强纸也会湿胀干缩，这都会使湿帘出现缝隙造成空气流短路，以致降低应用效果，应注意随时填充和调整。

（2）喷雾降温（见图 2-3-7）。

喷雾降温系统是将水喷成雾粒，使水迅速汽化吸收猪舍内显热量。这种降温系统设备简单，具有一定的降温效果，但长期使用容易使舍内湿度增大，因而一般须间歇工作。一般情况下，喷雾是通过几个途径来发挥降温作用的：喷头将水喷成直径为 0.1 mm 以下的雾粒，雾粒在猪舍内漂浮时吸收空气中大量显热并很快地汽化；喷出的雾粒可以达到降温效果，使舍内空气对流；部分水分喷落在猪身上，直接吸收猪体上的热量而汽化使猪感到凉爽。

图 2-3-7 喷雾降温

喷雾降温时，随着气温下降，空气的含湿量增加。到一定时间后（据试验 1～2 分左右），湿热平衡，舍内空气水蒸气含量接近饱和。此外，地面可能也被大水滴打湿。如果继续喷雾，会使猪舍过于潮湿产生不利影响，猪越小，影响越大，因此喷头必须周期性地间歇工作。这种舍内呈周期性的高湿，对舍内环境的不利影响相对要小得多。如果舍内外空气相对湿度本来就高，且通风条件又不好时，则不宜进行喷雾降温。

对身体大一些的猪的喷雾降温，实际上主要不是喷雾冷却空气，而是喷头淋水湿润猪的表皮，直接蒸发冷却。这种情况下，对喷头喷出的雾粒大小要求不高，喷头可在每栏的上方设一个，喷头喷雾量为 0.001 7 m^3/10 头·分。喷头向下安装，形成的雾锥以能覆盖猪栏的 3/4 宽度为宜。用时间继电器将喷雾定为 2 分，每小时循环喷一次。喷雾压力为 2.7 kg/cm^2，喷头安装高度约 1.8 m。要想获得更小的雾粒，须采用专门喷头，增大喷雾压力。目前，农业建筑用的高压微雾降温系统，雾粒直径仅为数微米。这样小的雾粒，一般湿度情况下在舍内漂浮 2 m 就可完全汽化，降温效果十分明显。由于这种降温系统管路中压力每平方厘米高达几十千克，故设备费用相对较高。为保证高压设备的安全，应请专业公司制作、安装。

（3）间歇喷淋降温（见图 2-3-8）。

喷淋冷水降温是利用远低于舍内气温的冷水，使之与空气充分接触而进行热交换，从而降低舍内空气温度的降温方法。此法是利用水的显热升温来降低舍内空气温度。如果用低于露点的冷水，还具有除湿冷却的优点。但是水的显热较小（4.18 千焦/千克·摄氏度），冷却能力有限，故需消耗大量的低温水。除有可能利用丰富的低温地下水的情况，一般不采用冷水降温。

图 2-3-8 屋顶喷水降温

（4）滴水降温（见图 2-3-9）。

滴水降温是另一种经济有效的降温方式，适合于单体定位的公猪和分娩母猪。在这些猪的颈部上方安装滴水降温头，水滴间隔性地滴到猪的颈部，由于猪颈部神经作用，猪会感到特别凉爽。此外，滴水在猪背部体表散开，蒸发，对猪进行了吸热降温。滴水降温不是降低舍内温度，而是直接降低猪的体温。

图 2-3-9　滴水降温

（5）冷风机等冷风设备降温。

（6）空调降温。

任务四　环境卫生

在适宜的环境中，猪体将摄入的营养物质最大限度地用于生长和繁殖，经济效益最好。猪的品种越优良，对环境的要求越严格，当环境不适宜，优良品种的生产潜力无法充分发挥，造成实际生产水平下降；同时，环境卫生不适宜，猪群抵抗力下降，细菌病毒等微生物大量滋生，导致猪病不断发生。

猪场全方位的环境卫生观念如下；

（1）猪场周边的卫生要求：猪粪不可随处乱排，粪尿、病死猪处理得当。

（2）猪舍间：排污沟、排水沟，猪舍间空地必须保持干净、不积水。

（3）猪舍内：包括地面、走道、料槽（怀孕猪料槽、分娩猪料槽、仔猪料槽、育成育肥猪料槽，料槽 1 次添加量<50%）、高床及高床背部、隔栏、墙壁、窗户、屋顶、天花板、横梁、电线、各种管道等。

（4）猪体卫生：空怀母猪（脏影响“人工授精”）、妊娠母猪、分娩母猪（脏极易导致子宫炎、阴道炎）。

（5）饲料车间：包括原料区、配料区、生产设备、包装区、成品区等（特别是垫板和包装袋的卫生）。

（6）其他：消毒室、药房、实验室、消毒池、生活区、宿舍、食堂等。

猪场全方位的环境卫生处理不当的情形见图 2-4-1 ~ 2-4-3。

（a）

（b）

图 2-4-1 病死猪处理不当

图 2-4-2 杂乱的药房

图 2-4-3 废弃药瓶随意丢弃

项目三　猪营养体系

饲料是养猪的基础，养猪生产中 70%~80% 的资本投入饲料。高质量的饲料具有充足的营养水平、良好的可消化性和适口性，不仅能够满足猪对各种营养元素的需求，而且能够提高猪只的非特异性抗病能力，对于防止因营养缺乏或过剩而导致的抵抗力下降或免疫抑制具有非常重要的作用。

任务一　优质的原料质量

近年来，随着饲料工业的快速发展，大多数饲料生产企业在饲料配方技术、加工设备与工艺上的差距越来越小，从而使饲料成品品质在很大程度上取决于饲料原料质量的优劣。原料质量是饲料企业产品质量的源头，若原料质量得不到有效控制，原料易遭受掺假、生物性污染（主要是霉菌毒素的危害及其控制）和化学性污染（主要是控制重金属铅、砷、汞、镉超标以及氯化胆碱中三甲胺超标），结果导致配方生产后就失去了原来的价值，使猪生产受到抑制甚至造成疾病的发生。

一、猪场主要原料的质量把控及危害

（一）玉　米

玉米是最常用的能量饲料，具有产量高、有效能值高、适口性好、易消化等特点，被誉为饲料之王。但玉米容易发霉变质，产生玉米赤霉烯酮和呕吐毒素，全价配合日粮中两种霉菌毒素不能超过 1 mg/kg。发酵过程并不能破坏霉菌毒素，反而使其得到浓缩。

1. 玉米的质量标准及验收指标（见表 3-1-1）

表 3-1-1 玉米的质量指标以及验收指标

营养指标	非营养指标	物理性状指标
水　分≤14.0% 粗蛋白质≥8.0% 粗纤维≤2.0% 粗灰分≤2.6%	黄曲霉毒素≤50×10^{-9} 杂质≤1% 容重：一级 710 以上， 二级 680 以上 饲料用玉米以硬玉米及凹玉米为主，硬玉米宜用家禽、凹玉米宜用猪饲料	适用范围：本标准适用于饲料用玉米。 一般性状： 色泽：黄或金黄色，通常凹玉米比硬玉米色泽较浅； 白粒≤5%； 不完善粒≤5%； 霉变粒≤2%（猪用玉米 1%以下）； 无虫害、无霉味、无异味异臭
验收指标： 水分 粗蛋白（东北玉米）	验收指标： 黄曲霉毒素 容重 杂质	验收指标： 无霉味、虫害、霉变粒

2. 玉米发霉变质的危害性

玉米的霉变过程开始时，籽粒表面发生湿润（俗称“出汗”），按着胚部发生变化，胚部菌丝体成绿色（俗称“点翠”）、灰色，最后呈黑色，霉味增加，带有辛辣味，如再继续霉烂，则就会丧失使用价值。一般籽粒表面湿润到胚部出现菌丝需 3～4 天，此期间如果发现及时，立即处理，还可以挽救；否则再经几天就达到严重阶段而失去使用价值。

霉菌的种类繁多，约 12 万种，其中能产生霉菌毒素的有 170 多种，目前已发现 300 余种霉菌毒素。自然界中的霉菌可分为田间霉菌和仓储霉菌。田间霉菌主要有曲霉菌属和镰刀菌属两类，其分泌的霉菌毒素主要有玉米赤霉烯酮、烟曲霉毒素、呕吐毒素等。仓储霉菌是在储藏过程中产生的，以曲霉菌属为主，其分泌的霉菌毒素主要有黄曲霉毒素和青霉菌毒素。霉变饲料或原料中最常见、危害最严重的霉菌毒素主要有黄曲霉毒素、赭曲霉毒素、玉米赤霉烯酮、烟曲霉毒素、T-2 毒素，呕吐毒素等。其危害主要表现在以下几个方面：

（1）产生有毒的代谢物，改变饲料的营养组分，降低动物对养分的利用，使养分利用率至少下降 10%。一项调查显示，在中国，高达 60%～70% 以上的饲料或原料受到霉菌毒素的污染。饲料霉变可能造成其发热、结块、色泽变暗以及有刺鼻霉味，致使饲料中的营养物质损失 14%～20%，甚至高达 30% 以上。同时，霉菌毒素也使消化道内消化酶的活性下降，干扰生猪机体对营养物质的吸收，因而降低了饲料的转化率，增加了饲料的消耗，导致养殖生猪的生产效益和经济效益下降。

（2）造成畜禽采食量减少、呕吐，甚至拒食饲料。

（3）种畜禽生殖系统破坏、繁殖力低下甚至失去生殖能力，乳猪阴户红肿、母猪假发情（外阴肿大），中毒严重者导致孕畜流产，甚至死亡。

（4）免疫抑制，畜禽抗病能力下降。

（5）初生乳猪八字脚、抖抖病、中大猪脱肛、仔猪、生长肥育猪皮肤有出血点等。

（二）麸　皮

麸皮为小麦加工的副产品，又称为小麦麸，小麦被磨面机加工后，变成面粉和麸皮两部分，麸皮就是小麦的外皮，多数当作饲料使用，是养猪常用的粗饲料。小麦麸皮中含有丰富的蛋白质、碳水化合物、矿物质、维生素、纤维素和半纤维素等，属于中低档能量饲料，具有比重轻、体积大、能值低的特点，常可用来调节日粮的能量浓度。其粗蛋白质含量高达 12%～17%，粗纤维也较高，一般在 8.5%～12%；含赖氨酸 0.67%、蛋氨酸 0.11%，维生素 B 族较丰富；含磷量较多，约为 1.09%，但有近 2/3 是植酸磷，并含一定量的植酸酶，含钙量少，约为 0.2%。含有丰富的锰与锌，但含铁量差异较大。

1. 麸皮的质量指标及验收指标（见表 3-1-2）

表 3-1-2　麸皮的质量指标以及验收指标

营养指标	非营养指标	物理性状指标
水分≤13.0% 粗蛋白质≥15.5% 粗纤维≤9.0% 粗脂肪≤4.0% 粗灰分≤5.0%	酸价 ≤30 mgKOH/g	适用范围：本标准适用于白色硬质、软质、混合硬质、软质、等各种小麦为原料，按常规制粉工艺所得到产物中的饲料用小麦麸。 一般性状： 色泽：新鲜一致，淡褐色或红褐色； 细度：分片状和粉状，粉状细麸皮 90% 以上可通过 10 目标准筛，30% 以上可通过 40 目标准筛； 味道：特有的香甜风味，无酸败味、无腐味、无结块、无发热、无霉变、无虫蛀。无其他异臭； 杂质：本品不应含有麸皮以外的其他物品； 注意：小面粉厂多用水洗小麦，使麸皮水分偏高，不要过多储存
验收指标： 水分 粗蛋白质	验收指标： 酸价	验收指标： 色泽、细度、味道

2. 发霉变质麸皮的危害

由于在加工面粉过程中小麦有喷水，采购时应特别注意麸皮的水分及新鲜度。建议使用本地面粉厂的麸皮，夏天应特别谨慎购买外来火车皮运输的麸皮。应特别关注麸皮的霉菌毒素及其中的呕吐毒素。

（三）豆　粕

豆粕是大豆提取豆油后得到的一种副产品。按照提取的方法不同，可以分为一浸豆粕和二浸豆粕两种。其中，以浸提法提取豆油后的副产品为一浸豆粕，而先以压榨取油，再经过浸提取油后所得的副产品称为二浸豆粕。

豆粕主要为动物提供动物性的蛋白。豆粕中主要是黄豆粕，其消化率可高达 85%～92%，蛋白质的含量在 45% 左右，其中赖氨酸 2.5%～3.0%，蛋氨酸 0.5%～0.7%，色氨酸 0.6%～0.7%，胱氨酸 0.5%～0.8%，硫胺素、核黄素各 3～6 mg/kg，烟酸 15～30 mg/kg，胆碱 2 200～2 800 mg/kg，胡萝卜素较少仅 0.2～0.4 mg/kg。

1. 豆粕的质量指标以及验收指标

大豆粕和脱皮大豆粕的质量指标以及验收指标见表 3-1-3 和表 3-1-4。

表 3-1-3　大豆粕的质量指标以及验收指标

营养指标	非营养指标	物理性状指标
水　分≤13% 粗蛋白质≥43% 粗脂肪≤2.0% 粗纤维≤7.0% 粗灰分≤6.0%	尿素酶活性：0.05～0.4 （0.2%）KOH 溶解度：70.0%～85.0% 黄曲霉毒素≤50×10^{-9}	适用范围：本标准适用于以大豆为原料经浸提法提取油后所得饲料用大豆粕。 一般性状： 色泽：淡黄至淡褐色，颜色过深表示加热过度，太浅则表示加热不足；具有烤大豆香味；如颜色异常，做尿素酶活性和 KOH 溶解度试验
验收指标： 水分 粗蛋白质 粗灰分	验收指标： 尿素酶活性 （0.2%）KOH 溶解度 黄曲霉毒素	验收指标： 色泽

表 3-1-4　脱皮大豆粕的质量指标及验收指标

营养指标	非营养指标	物理性状指标
水　分≤13% 粗蛋白质≥48% 粗脂肪≤1.0% 粗纤维≤3.5% 粗灰分≤6.0%	尿素酶活性：0.05～0.4 (0.2%) KOH 溶解度：70.0%～85.0% 黄曲霉毒素≤50×10^{-9}	适用范围：本标准适用于以脱皮大豆为原料经浸提法提取油后所得饲料用大豆粕。 一般性状： 色泽：黄色； 质地：均匀、流动性良好的粉状物，不应有过量外壳、杂物、泥土及过热粒
验收指标： 水分 粗蛋白质 粗灰分 粗纤维	验收指标： 尿素酶活性 (0.2%) KOH 溶解度 黄曲霉毒素	验收指标： 外观检查

2. 豆粕的质量控制

豆粕常被掺假，常用的掺假原料有玉米（粉）、玉米胚芽粕、黄土、泥沙、石粉、尿素、脲醛、无机胺等物质，可以使豆粕蛋白降低 30%。

（1）外观鉴别法：对饲料的形状、颗粒大小、颜色、气味、质地等指标进行鉴别。豆粕呈片状或粉状，有豆香味。纯豆粕呈不规则碎片状，浅黄色到淡褐色，色泽一致，偶有少量结块，闻有豆粕固有豆香味。反之，如果颜色灰暗、颗粒不均、有霉变气味的，就不是好豆粕。而掺入了沸石粉、玉米等杂质后，豆粕的颜色浅淡，色泽不一，结块多，可见白色粉末状物，闻之稍有豆香味，掺杂量大的则无豆香味。如果把样品粉碎后，再与纯豆粕比较，色差更是显而易见。在粉碎过程中，假豆粕粉尘大，装入玻璃窗口中粉尘会黏附于瓶壁，而纯豆粕无此现象。用牙咬豆粕发粘，咬玉米粉时则脆而有粉末。

（2）水浸法：取需要检验的豆粕（饼）25 g，放入盛有 250 mL 水的玻璃杯中浸泡 2～3 h，然后用手轻轻摇晃则可看出豆粕（碎饼）与泥沙分层，上层为豆粕，下层为泥沙。

（3）显微镜检查法：取待检样品和纯豆粕样品各一份，置于培养皿中，并使之分散均匀，分别放于显微镜下观察。在显微镜下可观察到：纯豆粕外壳内外表面光滑，有光泽，并有被针刺时的印记，豆仁颗粒无光泽，不透明，呈奶油色；玉米粒皮层光滑，半透明，并带有似指甲纹路和条纹。这是玉米粒区别于豆仁的显著特点。另外，玉米粒的颜色也比豆仁深，呈橘红色。

（4）碘酒鉴别法：取少许豆粕（饼）放在干净的瓷盘中，铺薄铺平，在其上面滴几滴碘酒，过 1 分钟，其中若有物质变成蓝黑色，则说明掺有玉米、麸皮、稻壳等。

3. 发霉变质豆粕的危害

猪吃了发霉变质的豆粕在临床的表现主要为：猪长速慢、皮毛杂乱、粪便不好、健康度差。

（四）杂　粕

近年来，我国畜牧业和饲料工业发展十分迅速，饲料资源紧缺的矛盾日益突出。据专家预测，2010—2020 年，我国蛋白质饲料的差额为 2 400 万 ~ 4 800 万吨，饼粕类差额为 2 560 万吨。长期以来，我国主要以豆粕作为蛋白饲料原料，以致豆粕供应日趋紧张，出现价格不定期上涨波动。我国每年生产大量的杂粕，如棉子饼粕年产量在 600 万吨以上，菜子饼粕约 300 万吨。各种杂粕的蛋白质含量均很高，如花生粕粗蛋白含量比豆粕高，棉子粕与豆粕接近，菜子粕、葵子粕等粗蛋白含量也相当于豆粕的 80% 左右。有些杂粕的平均氨基酸消化率也很高，如葵子粕可达 89%（豆粕氨基酸平均消化率为 90%）。此外，杂粕还含有其他丰富的营养物质。如大多数杂粕均含有很高的亚油酸，有效磷含量也均高于豆粕，亚麻粕亚麻酸含量十分丰富，葵子粕的 B 族维生素含量显著高于豆粕的 B 族维生素含量。

但杂粕粗纤维含量高，特别是加工过程中脱壳不充分时这一含量就更高。如棉籽饼粕的粗纤维含量可高达 17%，亚麻籽粕粗纤维含量可达 28%，带壳压榨的葵籽粕粗纤维含量更可高达 32%。粗纤维主要包括纤维素、半纤维素（阿拉伯木聚糖等）、果胶和木质素。粗纤维不仅本身不能被单胃动物消化利用，以一种“稀释”作用使饼粕原料本身养分的浓度降低，而且还影响其他营养物质的消化吸收，表现出抗营养作用，诸如胰蛋白酶抑制因子（TI）、血球凝集素、脲酶、促甲状腺素肿素、抗维生素因子和皂角素等，其中 TI 对猪生长的危害最大。

（五）鱼　粉

鱼粉由整条鱼或除去可食部分的剩余物经蒸煮、压榨、干燥和粉碎而制成，是畜牧养殖业中的一种重要的饲料原料，集营养性、适口性和功能性于一体。对单胃动物而言，鱼粉作为饲养业的主要动物蛋白源至今仍有不可替代的重要地位。

它的粗蛋白含量高，蛋白质消化率最高达 90%，富含各种必需氨基酸，且氨基酸在组成上与猪体组织氨基酸的组成基本一致；碳水化合物含量特别少，粗纤维几乎等于零；微量元素中，碘、硒、钙、磷含量较高，且比例良好，利用率高。除此之外，它富含较高能量、矿物质、维生素（富含植物蛋白不含的维生素 B_{12}）和重要的脂肪酸及未明生长因子。

鱼粉及几种常见蛋白质饲料的部分养分组成见表 3-1-5。

表 3-1-5　鱼粉及几种常见蛋白质饲料的部分养分组成

	DE	CP	Lys	Met	Cys	Thr	Iso	Leu	Arg	Val	His	Tyr	Phe	Trp
鱼粉	13.18	64.5	5.22	1.71	0.58	2.87	2.68	4.99	3.91	3.25	1.75	2.13	2.71	0.78
豆粕	13.74	46.8	2.81	0.56	0.60	1.89	2.0	3.66	3.59	2.10	1.33	1.65	2.46	0.64
花生粕	12.43	47.8	1.40	0.41	0.40	1.11	1.25	2.50	4.88	1.36	0.88	1.39	1.92	0.45
菜籽粕	10.59	38.6	1.30	0.63	0.87	1.49	1.29	2.34	1.83	1.74	0.86	0.97	1.45	0.43
棉籽粕	9.46	42.5	1.59	0.45	0.82	1.31	1.30	2.35	4.30	1.74	1.06	1.19	2.18	0.44

1. 鱼粉的质量指标及验收指标（见 3-1-6 和表 3-1-7）

表 3-1-6　鱼粉的质量指标及验收指标

营养指标	非营养指标	物理性状指标
水　分≤12.0% 粗蛋白质≥62%（秘鲁鱼粉） 粗脂肪≤12.0% 钙　　≤6.0% 磷　　≥2.0% 盐　分≤3.5% 灰　分≤17.0%	沙门氏菌：阴性 胃蛋白酶消化率≥85.0% 镉≤2 ppm 氟≤500 ppm	适用范围：本标准适用于以整只未切割之全鱼或切断的鱼体为原料，经加热、压榨、干燥、粉碎等工艺处理后的产品。 一般性状： 颜色：本品颜色为新鲜、均匀一致的浅茶褐色或深茶褐色或浅黄色(因原料鱼种而异)，颜色偏棕黄色或棕红色则有过热烧焦的可能 质地：本品为粉状，含有一定量细小鱼骨、鱼鳞片，流动性状良好，不可有结块，100%通过 10 目筛。80%以上通过 26 目筛 味道：新鲜的烤鱼香味并略带有鱼油味，不可有酸败味、腐味、霉味、焦味或其他异臭味 杂质：不能掺有类似于血粉、羽毛粉、皮革粉等物
验收指标： 水　分 粗蛋白质 钙、磷、盐	验收指标： 沙门氏菌 胃蛋白酶消化率 镉	验收指标： 外观检查（镜检）

表 3-1-7 国产鱼粉的质量指标及验收指标

营养指标	非营养指标	物理性状指标
水分≤12.0% 粗蛋白质≥60% 粗脂肪≤12.0% 钙≤6.0% 磷≥2.0% 盐分≤3.5% 灰分≤18.0%	沙门氏菌：阴性 胃蛋白酶消化率≥85.0%； 镉≤2×10^{-6} 氟≤500×10^{-6}	适用范围：本标准适用于以鱼、虾、蟹类等水产动物或在鱼品加工过程中所得的鱼头、尾、内脏等为原料，经加热、压榨、干燥、粉碎等工艺处理后的作为饲料用的产品 一般性状： 颜色：本品颜色为新鲜、均匀一致的浅茶褐色或深茶褐色或浅黄色（因原料鱼种而异），颜色偏棕黄色或棕红色则有过热烧焦的可能； 质地：本品为粉状，含有一定量细小鱼骨、鱼鳞片，流动性状良好，不可有结块，100%通过 10 目筛，80%以上通过 26 目筛； 味道：新鲜的烤鱼香味并略带有鱼油味，不可有酸败味、腐味、霉味、焦味或其他异臭味； 杂质：不能掺有类似于血粉、羽毛粉、皮革粉等物
验收指标： 水　分 粗蛋白质 钙、磷、盐	验收指标： 沙门氏菌 胃蛋白酶消化率 镉	验收指标： 外观检查（镜检）

2. 鱼粉的质量控制及危害

由于鱼粉价格比较高，故鱼粉常被掺入血粉、羽毛粉、皮革粉、三聚氰胺、尿素、硫酸铵、菜粕、棉粕、虾头粉、肉松粉、肉骨粉等非鱼粉类蛋白。因此，猪场使用鱼粉时一定要慎重购买。

（1）感官检验。

① 眼观：看颜色，优质的鱼粉应有新鲜的外观，色泽随鱼种而异，墨罕鱼粉呈淡黄色或淡褐色，沙丁鱼呈红褐色，加热过渡或含脂高的颜色会变深。看形状为粉状，含鳞片、鱼骨等，处理良好的鱼粉均可见肉丝。

② 鼻嗅：新鲜鱼粉应有烤过的鱼香味，并稍带鱼油味，混入鱼溶浆的腥味较重，但不应有酸败、氨臭等腐败味及过熟的焦味。

③ 手抓：手抓取样在手上，用手指头捻黏性越佳，鱼粉越新鲜（因为鱼肉的肌纤维富有黏着性）。判断方法为：用 75% 的鱼粉和 25% 的淀粉混合，加 1～1.3 倍的水混制，然后用手拉其黏弹性，黏弹性优者，其品质为佳。

（2）物理检测。

① 容重的测定：纯鱼粉的容重一般为每升 450～660 g，如果鱼粉含有杂质或掺杂物，容重就会改变（或大或小）。

② 立体显微镜检测：纯鱼粉包括鱼肉、鱼骨、鱼鳞和鱼内脏的混合物。其境检特征为：鱼肉的颗粒较大，表面粗糙，具有纤维结构，呈黄色或黄褐色，有透明感，形碎蹄筋，似有弹性；鱼骨包括鱼刺、鱼头骨，为半透明或不透明的碎块，大小形状各异，呈白色至白黄色，一些鱼骨屑成琥珀色，表面光滑，鱼刺细长而尖，似脊椎状，仔细观察可看到鱼刺碎块中有一大端头或小端头的鱼刺特征；鱼头骨呈片状，半透明，正面有纹理，鱼头骨坚硬无弹性；鱼鳞平坦或卷曲的藻形片状物，近似透明，有一些同心圆线纹；鱼眼表面碎裂，呈乳色的圆球形颗粒，半透明，光泽暗淡，较硬。

（3）化学检测。

① 检测粗蛋白：粗蛋白质是鱼粉中含有氮物质的总称，包括真蛋白质和非蛋白含氮物质两部分，后者主要包括游离氨基酸、硝酸盐、氨等。国产鱼粉粗的蛋白质一般 为 45%～55%，进口鱼粉粗的蛋白质一般为 60%～67%。

② 检测真蛋白：粗蛋白质反映其中所有含氮物质的含量，而不能反映其中真蛋白质部分，利用真蛋白质与粗蛋白含量之比，可判断鱼粉中是否掺入水溶性非蛋白含氮物质。

③ 测定胃蛋白酶消化率（体外消化率）：胃蛋白酶消化率的大小，表示动物蛋白饲料原料的质量优劣。它是指被胃蛋白酶消化的蛋白质与粗蛋白之间的比例，通常以百分率表示。合格的鱼粉，其蛋白酶消化率不应小于 85%。

④ 测定氨基酸：通过测定鱼粉中的氨基酸，可知鱼粉内各种氨基酸的含量及相应比例，从而得知鱼粉蛋白质的平衡情况，必需氨基酸的含量越高且互相平衡，则为合格的优质鱼粉。

（六）膨化大豆

膨化大豆富含大豆磷脂、不饱和脂肪酸、大量的天然维生素 E 等成分，能值高氨基酸平衡。全脂膨化大豆经过加热处理，动物的利用率相对提高，一般成分为：水分≤12%、粗脂肪 17%～19%、粗蛋白质 36%～39%、粗纤维 5.0%～6.0%、粗灰粉 5.0%～6%、钙 0.24%、磷 0.58%、水分≤12%。全脂膨化大豆，可改善猪对物质、能量、淀粉和木质素的回肠消化率，可将其生长性能和养分消化率提高 6%～15%，并能提高仔猪的成活率；用于仔猪料，可供给能量、蛋白质及不饱和脂肪酸，改善饲料适口性，防止腹泻，提高仔猪生长速度。对于生长肥育猪可提高增重和改善饲料利用率，通常用量为10%～15%。适量添加全脂膨化大豆还能改善母猪的生产性能。

1. 膨化大豆的质量控制及危害

膨化大豆掺假，可以掺豆粕、豆皮、玉米皮等，掺假的时候是在膨化前掺假，掺假物和原粮一起粉碎然后再膨化，单凭肉眼是分辨不出来的。

（1）感官性状：膨化大豆为金黄色粉末，具有豆香味。

（2）粗脂肪检测：一般来说，膨化大豆的蛋白加脂肪需要在52以上，如果蛋白质不合格，则可以直接退货。

（3）掺玉米，小麦等谷物，可通过碘酒的方法来鉴别。

（4）了解供应商：① 询问膨化大豆的原料，是进口还是国产；② 询问加工工艺，湿法还是干法加工；③ 要求提供脂肪含量和尿素酶含量。

任务二　科学的营养配方

营养与疾病之间存在着非常密切的联系，动物的营养状况影响着机体的免疫功能和对疾病的抵抗力，机体的健康状况又影响着动物的营养需要模式。"营养免疫学"的诞生与发展为解决动物生产中的疾病问题提供了新的思路，某些营养物质不仅能防治营养缺乏，而且能以特定的方式刺激免疫细胞，增强免疫应答功能，维持动物正常、适度的免疫反应，调控细胞因子的产生和释放，减轻有害的或过度的炎症反应，维持肠道的屏障功能，减少细菌移位等。这是免疫营养学所定义的"免疫营养"，包括植物营养素、多糖体、抗氧化剂等。这种特殊营养素具有药理学作用，最初被称之为营养药理学（nutritionalpharmacology）。近年来，更多的学者将之称为"免疫营养"（immunonutrition）。

国内外关于猪的营养与免疫研究的热点主要有两大部分，即营养素对猪免疫机能的影响，免疫状况对猪营养代谢、生产性能和营养需要量的影响。

一、营养素对猪免疫机能的影响

对猪免疫功能有重要影响的营养素主要有蛋白质、氨基酸、脂肪、维生素和微量元素、能量。

（一）蛋白质

在临床和试验方面，有关蛋白质营养与免疫的研究很广泛，现已得到较为一致的结论。蛋白质缺乏将会导致以下危害：① 降低机体抗感染能力和淋巴器官发育；② 降低细胞免疫功能；③ 降低体液免疫功能；④ 降低巨噬细胞的数量与活性；⑤ 妊娠期母猪缺乏蛋白质，会影响胎儿免疫器官的发育，降低仔猪胸腺和脾脏淋巴细胞的增值，降低脾脏 NK（自然杀伤细胞）细胞活力；⑥ 妊娠期蛋白质缺乏还改变仔猪下丘脑—垂体—肾上腺轴，仔猪的基础肾上腺皮质激素水平升高，免疫力低下，仔猪的死亡率增加，尤其在母猪妊娠后期，保证蛋白质和氨基酸的供应至关重要。

（二）氨基酸

氨基酸对提高猪的免疫力非常重要，它是合成抗体、淋巴细胞、细胞因子和急性应答蛋白的基本营养物质。氨基酸与免疫功能关系的研究主要集中在赖氨酸（Lys），含硫氨基酸，苏氨酸（Thr），亮氨酸（Leu），异亮氨酸（Ile），缬氨酸（Val），谷氨酰胺（Gln）和精氨酸（Arg）等。

1. 赖氨酸（Lys）

多数研究证明，赖氨酸缺乏并不降低动物机体的免疫反应。但也有部分试验发现赖氨酸影响机体免疫力。Kornegay 等（1993）发现，仔猪抗体对卵清蛋白的初级反应不受日粮赖氨酸水平的影响，但是添加赖氨酸后，机体对卵清蛋白的次级反应加强。

2. 含硫氨基酸

含硫氨基酸有蛋氨酸（又名甲硫氨酸）、半胱氨酸和胱氨酸三种，含硫氨基酸在很大程度上影响动物的免疫功能及其对感染的抵抗力。淋巴细胞为蛋氨酸营养缺陷型细胞，不能利用同型半胱氨酸和胆碱合成蛋氨酸以补充蛋氨酸的不足。在免疫反应方面，半胱氨酸可达到蛋氨酸 70% ~ 80% 的效果。半胱氨酸及其衍生物还能调节淋巴细胞和巨噬细胞的功能，此外，它还作为谷胱甘肽（GSH）的组分，在解毒及保护细胞免受自由基危害方面起着关键性作用。

3. 苏氨酸（Thr）

苏氨酸是动物免疫球蛋白分子中的一种主要氨基酸，缺乏苏氨酸会抑制免疫球蛋白和 TB 细胞及其抗体的产生。采食高粱的初产母猪补饲苏氨酸，可防止血浆 IgG 含量减少，母猪自身合成的抗牛血清蛋白的抗体也高于对照组（Cuaron，1988）；另外，苏氨酸（Thr）是肠黏液蛋白的主要成分，吸收的苏氨酸大部分被小肠截留用于合成黏液蛋白。有研究表明，苏氨酸参与小肠细胞的修复和免疫调节功能，并能增加猪的免疫球蛋白水平。有学者指出，选择合适的蛋白质原料，确定适宜的蛋白质水平并考虑添加苏氨酸，可改善饲料中氮的利用率，提高仔猪生产性能和抗病能力，降低仔猪的腹泻率。

4. 亮氨酸（Leu）、异亮氨酸（Ile）、缬氨酸（Val）

Gatnau（1995）在仔猪日粮中添加过量 L-Leu 及其代谢产物 α-酮异已酸和 β-甲羟基丁酸，对仔猪的生产性能和免疫反应不会产生有害影响，但采食过高日粮 Leu（3.12%）的仔猪生产性能和体液免疫反应下降。日粮中高水平的 Leu、低水平的 Ile 和 Val 对免疫功能均具有抑制作用，添加 Ile 和 Val 能消除免疫抑制。因此，Leu 的免疫抑制作用可能是由于高水平的 Leu 与 Ile 和 Val 相对抗，造成 Ile 和 Val 缺乏。

5. 谷氨酰胺（Gln）

谷氨酰胺（Gln）是 5 碳氨基酸，是血循环和体内游离氨基酸池中含量最丰富的氨基酸。它不但是蛋白质代谢的重要调节因子，而且是机体在应激状态下的条件必需氨基酸。谷氨酰胺是肠上皮淋巴细胞的重要能量来源，且上皮淋巴细胞的增殖也需要谷氨酰胺。谷氨酰胺也是维持肠相关淋巴组织、分泌型 IgA 的产生和阻止细菌从肠易位所必需的。此外，谷氨酰胺是精氨酸合成的前体，而精氨酸是一氧化氮合成的前体，一氧化氮是巨噬细胞活性和宿主防御的一个关键性的因素，因此谷氨酰胺与机体免疫具有密切的关系。

6. 精氨酸（Arg）

精氨酸（Arg）是一种半必需氨基酸，在饥饿、创伤、应激状态下可成为必需氨基酸，其代谢产物具有促生长与维持机体平衡的作用。Arg 对免疫系统产生影响，主要通过细胞免疫产生作用，对体液免疫则无显著影响。Arg 还促进多种内分泌腺的分泌，发挥间接的免疫调节作用。有研究表明，Arg 不仅是合成某些具有重要生理功能物质的前体，还是一些介导细胞生长与分化物质的前体，并且能刺激生长激素的分泌。大量的动物实验和临床研究表明，强化精氨酸的营养支持有助于改善机体氮平衡，提高机体的免疫功能。

Arg 免疫有两种调节机制以发挥调节作用，一是一氧化氮（NO）的免疫调节机制。Arg 是合成一氧化氮的唯一底物，1988 年发现 L-精氨酸参与合成 NO。NO 是重要的免疫细胞的调节因子，是一种多功能的气态生物信使。其对免疫系统的调节作用表现在：① NO 抑制抗体应答反应、抑制肥大细胞反应性，促进 NK 细胞活性，激活外周血中的单核细胞；② 调节淋巴细胞和巨噬细胞分泌细胞因子，介导巨噬细胞的细胞凋亡；③ Arg-NO 途径被认为是杀死细胞内微生物的主要机制，也是巨噬细胞对靶细胞毒性的主要机制。另一调节机制体现在：① Arg 通过神经系统的传导刺激胸腺 T 淋巴细胞的释放。Arg 是通过神经系统的传导刺激，使胸腺增大和细胞计数增多，胸腺的增大提高了 T 淋巴细胞对有丝分裂原的反应性，从而刺激 T 淋巴细胞的增殖。② Arg 通过提高脾内单核淋巴细胞对 IL-2 的分泌活性和 IL-2 受体的活性，降低前列腺素 pGE2 的水平，进一步促进 IL-2 合成，提高 T 淋巴细胞间接反应，以发挥中介的免疫防御和免疫调节作用。

（三）脂肪类

脂肪类是构成细胞膜的重要成分，在受到抗原的刺激时，免疫细胞增殖分化需要脂肪的参与。脂肪也是免疫反应的重要调节因子，饲料脂肪含量和种类对机体特异性细胞免疫和体液免疫均有重要影响。作为动物的必需脂肪酸的多不饱和长链脂肪酸（PUFA）用于供能、维持细胞膜结构和功能的正常性，并影响免疫细胞膜表面的抗原、抗体数量和分布以及淋巴因子和抗体分泌等。PUFA 中的 ω-3 和 ω-6 比例适宜可增强中性粒细胞的杀菌能力、调理吞噬作用和巨噬细胞的功能，在饲料中添加可以缓解慢性和急性炎性疾病，促进机体健康和维持良好的生产性能。

1. 多不饱和脂肪酸（PUFA）

大量动物实验证实，ω-3 PUFA 是免疫营养剂中的关键成分，有利于提高机体的免疫功能。大多数的研究表明，日粮中添加 ω-3PUFA 降低了动物的淋巴细胞转化率、自然杀伤细胞的活性和炎性细胞因子（IL-1、IL-6、TNF）的产生，这可在一定程度上解释 ω-3PUFA 对心血管疾病、自动免疫疾病或炎症的缓解作用。这些疾病免疫反应失控，从而产生过多的炎性细胞因子，对机体造成损伤。ω-3PUFA 和 ω-6PUFA 平衡具有重要意义。

2. ω-3PUFA 作用的机制

有关对 ω-3PUFA 影响免疫的机理主要有以下几方面：① 影响了细胞膜

的脂肪酸组成，从而影响了细胞的流动性；② 改变了类二十烷酸的种类和数量；③ 改变了细胞的信号转导系统；④ 改变了机体的脂质过氧化水平；⑤ 影响免疫细胞的关键基因的表达。如细胞因子，黏附分子等的表达。

（四）维生素

维生素是维持猪只健康、正常生长和繁殖所必需的有机化合物。最小需要量的维生素日粮水平只能预防临床缺乏症的出现，不能满足动物最大限度地发挥生产性能和维持最佳免疫状态的需求。生产实践中，添加维生素对提高生产性能、改善机体免疫力已成为不可缺少的环节。所有维生素都直接或间接地参与免疫过程，维生素对于猪的免疫力十分重要，研究较深入的维生素主要有维生素 A、β-胡萝卜素、维生素 E、维生素 D 及维生素 C。

1. 维生素 A

维生素 A 是维持机体正常免疫功能的重要物质，主要与保持细胞膜结构和功能的完整性有关。膜结构的完整性是免疫发挥作用的基础，严重缺乏或亚临床缺乏易导致免疫功能紊乱。姜建阳（1999）研究表明，高剂量维生素可提高仔猪细胞的免疫功能，但对体液免疫功能无显著影响。

2. β-胡萝卜素

β-胡萝卜素除作为维生素 A 的前体物外，还具有自身独特的功能：① 抗氧化功能；② 促进辅助性 T 淋巴细胞增殖、NK 细胞上 IL-2 受体的增加、诱导细胞毒性 T 细胞的活力。

3. 维生素 E

维生素 E 主要存在于线粒体中，因为线粒体进行的氧化反应不断产生自由基，在疫病挑战时产生的自由基突然大增。自由基对动物组织膜结构的活性成分有强大损伤作用，线粒体中的维生素 E 可随时清除产生的自由基，增强动物机体的免疫功能，具有免疫佐剂的作用。维生素 E 在影响免疫功能方面与硒具有协同作用。饲料中添加维生素 E 可有效提高猪抗体生成量。向猪日粮中添加 100 IU 维生素可提高猪对大肠杆菌的血清学反应。

维生素 E 影响免疫的机制主要表现为：① 抗氧化功能；② 影响花生四烯酸代谢产物的合成；③ 抑制前列腺素和皮质酮的生物合成。

3. 维生素 C

维生素 C 具有抗应激和抗感染作用，与机体免疫功能密切相关。赵君梅

（2001）表明，日粮中添加维生素 C 能提高血浆球蛋白含量和球清蛋白比，改善仔猪免疫功能。

维生素 C 通过四个途径影响免疫功能：① 影响免疫细胞的吞噬作用；② 降低血清皮质醇，改善应激状态；③ 抗氧化功能；④ 增加干扰素的合成。

5. 维生素 D

维生素 D 以活性形式 1，25—$(OH)_2$—D_3 参与调节免疫功能：① 调节造血细胞、淋巴细胞生成细胞、骨细胞的增殖和分化，修饰 T、B 淋巴细胞活性；② 通过调节 IL-1、IL-2、IL-3、α-TNF 以及免疫球蛋白修饰免疫反应；③ 调节单核细胞、多形核巨噬细胞以及淋巴细胞由胸腺和脾脏向血液转移；④ 调节体外单核白细胞的增殖和分化。

（五）微量元素

对微量元素研究比较深入的是锌、硒，其次是铜、铁、铬。这五种元素的共同特点是起着生物抗氧化的作用。

1. 锌

大量研究表明，锌对免疫系统的发育、稳定、调节有重要作用。缺锌导致免疫器官萎缩、免疫细胞减少和抗体水平下降。Miller 等（1968）观察了锌缺乏仔猪的免疫状况，胸腺重量显著下降，白细胞数量增加，淋巴细胞在白细胞中的比例下降，带状中性粒细胞（一种未成熟的白细胞）的百分比升高。

锌与免疫有关的功能主要表现在：① 是维持胸腺素活性的必需因子；② 与巨噬细胞膜 ATP 酶、吞噬细胞中 NADPH 氧化酶等的活性有关；③ 细胞内的锌浓度对巨噬细胞的活力和噬中性白细胞的杀菌能力起决定性作用；④ 锌是超氧化物歧化酶的辅助因子，具有抗氧化功能，促进外周血单核细胞产生肿瘤坏死因子。

2. 硒

硒与动物的免疫状况密切相关，被称为免疫促进剂。硒对免疫功能的影响与维生素 C 有协同作用。硒能刺激免疫球蛋白及抗体的生成，提高机体体液免疫、细胞免疫和非特异免疫功能。

硒对免疫的影响主要表现在四个方面：① 缺硒降低嗜中性白细胞和巨噬细胞谷胱甘肽过氧化物酶活性，降低细胞的抗氧化能力，从而降低免疫细胞活力。② 硒通过影响谷胱甘肽过氧化物酶进一步调控 5-脂氧合酶活性。5-

脂氧化酶催化二十碳四烯酸氧化，其氧化产物影响淋巴细胞增殖。③ 硒通过激活 NK 细胞和靶细胞膜表面，促进两者结合从而增强 NK 细胞杀伤活力。④ 通过硒蛋白途径影响免疫功能。

3. 铜

铜在体内通过一些含铜蛋白（铜蓝蛋白和 SOD）调节炎症反应和抗氧化能力或影响对炎症反应有调节功能的因子，增强机体的免疫反应。铜缺乏，T 细胞依赖性抗体的产生就会受到抑制。此外，铜还参与补体的合成。

4. 铁

缺铁影响动物免疫器官的发育，铁对体液免疫的影响不是很明显，不过有报道：严重缺铁不影响血浆 IgG 水平，但 IgM 水平会降低（Sherman，1990）。铁缺乏明显影响细胞免疫功能，导致 NK 细胞及腹膜巨噬细胞活力严重受损，干扰素活性及白介素的产量均下降。

铁对免疫的影响表现为：① 缺铁使 DNA 合成和细胞增殖所必需的含铁核糖核酸还原酶活性受损，影响了 DNA 和蛋白质合成以及细胞增殖；② 铁结合蛋白如转铁蛋白和乳铁蛋白本身有直接杀菌作用。

5. 铬

铬是葡萄糖耐受因子（GTF）的组成成分。研究表明，铬也可影响机体的免疫功能，但到目前为止，补铬对猪免疫机能的影响的研究结果尚不一致，Lee Dernan 等（1997）试验表明，4 周龄断奶仔猪日粮中添加 400 g/kg 铬能提高仔猪伪狂犬病毒的抗体效价，提高淋巴细胞转化率及 IgG 和免疫球蛋白质总量。

（六）能　量

能量的严重缺乏会影响动物的免疫力。给 8 周龄小鼠足够的蛋白质，同时降低 37% 能量摄入，52 周后发现与能量摄入充分的小鼠相比，能量缺乏的小鼠脾脏的重量降低 83%，白血球的数量由 8 000 个/mm^3 降低到不足 1 000 个/mm^3，脾树状细胞减少 80%。可见，能量缺乏严重降低了免疫组织。与能量充足的小鼠比，能量缺乏的小鼠在接种肝炎疫苗后，抗体的滴度降低 94%，细胞免疫力降低 70%（Niiya 等，2007）。这表明，在能量严重缺乏的动物，其免疫器官和免疫力明显降低，一旦遭遇疫病挑战，动物的预后不良。对于现代瘦肉型猪的饲养，在生长阶段提供充分的能量，可使猪保持较高的免疫力。遇到养猪低潮，或猪场出现经济困境时，如果降低猪的饲料供给，则一旦遭遇疫病来袭，后果很可能是灾难性的。

二、免疫状况对猪营养代谢、生产性能和营养需要的影响

免疫系统受外来抗原刺激后，通过神经—内分泌—免疫系统网络，引起动物一系列行为和代谢上的改变，从而影响动物的生长和营养需要量。

（一）免疫系统激活导致动物机体代谢发生变化

免疫系统激活会使相应抗体水平升高，淋巴细胞增殖速度加快，细胞因子水平升高等，从而有效地抵御外来抗原对动物机体地损害。然而免疫系统的激活也带来了明显的负面效应，引起动物一系列行为和代谢上的改变。行为上的改变的典型症状是动物发烧、厌食，采食量和生长速度下降，饲料转化率变差，动物处于一种亚临床状态，此所谓“免疫应激”；代谢上的改变是机体将本用于生长和骨骼肌沉积的营养物质转向于高度激活的免疫系统以抵御疾病。

（二）免疫系统激活对猪生产性能的影响

某一特定基因型的猪的生长速度在一定程度上决定于其健康水平。猪免疫系统激活可提高猪的采食量、生长速度和饲料转换效率。此外，还可改变猪的胴体组成，使猪的体内沉积更多的肌肉或体蛋白，尽可能地减少沉积脂肪组织。

免疫系统激活也可影响哺乳母猪的体况和泌乳能力，免疫系统激活影响母猪泌乳的原因是细胞因子抑制了母猪产乳激素（如 GH、IGF-1 和催乳素）的释放（Bauman 和 Vernon，1993），从而降低了血液循环中 GH、IGF-1（Fan 等，1995）和催乳素（Chao 等，1994）的水平。Sauber 等（1999）的研究表明，免疫系统激活水平导致母猪的采食量下降了 10%，但对母猪的体重损失影响不大，同时对乳成分也产生了一定的影响。免疫系统激活降低了乳蛋白的含量，对乳脂含量无影响，最终降低了总的乳产量和乳蛋白产量。母猪泌乳能力的下降最终影响了乳猪的生长性能，使乳猪的窝增重下降 14%，但未影响断奶仔猪头数。免疫系统激活水平对妊娠母猪的生产性能的影响尚未有人进行研究。

（三）免疫系统激活对猪营养需要量的影响

有关不同免疫系统激活状态对猪营养需要量的研究主要集中于氨基酸需要量的研究，由于低免疫系统激活的猪的肌肉组织生长能力较高免疫系统激活的猪高。在生产实践中，动物的生长速度并不是恒定的，在连续几个快速生长期之间，不时会出现免疫系统应激诱发的慢速生长阶段，因而养分的需要量呈现阶段性变化。一般可分为三个阶段：① 免疫应激的潜伏期。此阶段养分实际需要量与 NRC 推荐相当。② 免疫应激期。此阶段，免疫系统异常活跃，动物采食量和生长速度均降低，因此对养分的需要量低于正常需要量，目前有关免疫应激对营养需要量的影响方面的研究均集中在这一阶段。③ 应激后的补偿生长期，此阶段机体顺利将入侵微生物排出体外，机体补偿生长，对养分需要量比 NRC 推荐的高。有关应激后的补偿生长期营养需要量，目前尚未对其进行研究。

目前，在不同免疫系统激活状况下，关于猪的营养物质利用率的研究极少，仅 Williams 等（1997）对能量和赖氨酸的利用效率进行研究。Williams 等（1997）的研究表明，不同的免疫系统激活水平对猪维持能量需要和代谢能用于体蛋白和体脂沉积的效率无影响，且在不同的免疫系统激活状态下，赖氨酸用于体氮沉积的效率是相似的。免疫系统激活对其他营养物质利用效率的影响有待于进一步研究。

免疫营养学研究的意义在畜牧生产尤其在养猪业中具有非常重要的意义，免疫营养学研究是动物免疫机能增强技术、药物饲料添加剂减少或替代、畜产品质量改善等技术开发利用的必要理论基础，是深入揭示营养物质在动物机体内的转化、转移和沉积规律及其调节机制的重要研究手段，积极推动着传统营养技术的升级换代。

三、猪的营养需要

猪在生长发育过程中，需要 40 多种营养物质，包括水、碳水化合物、蛋白质、维生素、矿物质、脂肪等六大类。

（一）水

水分在猪体内占的比例大，中猪 60% ~ 70%，大猪 40% ~ 50%。水对消化吸收、分泌、排泄、血液循环、体温调节等有着重要作用。

（二）碳水化合物

碳水化合物的主要功能是产生热能，猪的各种生命活动，都要靠能量供给。这类饲料如玉米、大麦、高粱、木薯、红薯等，在猪日粮中，能量饲料占总量的 60% ~ 70%。

（三）蛋白质

蛋白质是生命存在的基础。对猪必须提供蛋白质饲料，特别是瘦肉型猪尤为重要。蛋白质饲料分两大类，一类是植物性，如各种豆类、饼粕类；另一类是动物性，如鱼粉、血粉、蚕蛹、蚯蚓、屠宰下脚料等。

氨基酸是构成蛋白质的基本单位，有 20 种，分为必需氨基酸和非必需氨基酸。非必需氨基酸即在动物体内能够合成的氨基酸；而必需氨基酸是指动物体内不能合成或合成量很少，必须由饲料中提供的氨基酸。对猪来说有 10 种，必需氨基酸包括：赖氨酸、蛋氨酸、色氨酸、组氨酸、亮氨酸、异亮氨酸、苯丙氨酸、苏氨酸、缬氨酸、精氨酸。其中赖氨酸、蛋氨酸、色氨酸在饲料中（特别是植物饲料中）含量很低，易缺乏，使其他氨基酸利用受限，所以称限制氨基酸。

（四）维生素

维生素是维持生命活动的重要物质，与其他营养相比，需量极微，但是当日粮中缺乏时，就会引起畜禽新陈代谢紊乱，营养缺乏和生长停滞等现象。

维生素种类很多，可分为脂溶性（VA、VD、VE、VK 等）和水溶性（VB 和 VC）两大类。青绿饲料中含量丰富，只要生喂，一般不会引起维生素缺乏。

（五）矿物质

矿物质是猪生命活动过程中必需的营养物质。在猪体内含量超过体重 0.01% 的元素称为常量元素，如钙、磷、镁、钾、钠、氮等；含量低于体重 0.01% 的元素称微量元素，如铁、锌、铜、钴、硒等。

（1）钙和磷是骨骼生长的重要元素，占猪体内矿质元素总量的 3/4，其中 90% 以上的存在于骨骼和牙齿中，日粮中合适的钙磷比例是 2∶1。

（2）钠、氯能调节体液的酸碱平衡，保持细胞与血液间正常的渗透压及促进消化酶的活动。食盐是补充猪体内钠氯的主要物质，日粮中补加 0.25%～0.5% 的食盐，既可满足需要，又能增进食欲、帮助消化、促进生长。但若喂酱油渣等盐高的产品，不但不补盐，而且还要降低盐的含量。

（3）铁、铜、钴。铁和铜是造血和预防营养性贫血的重要元素。钴是后成维生素 B12 的原料，缺乏钴，就会引起恶性贫血。

（4）碘存在于甲状腺中，作用于物质代谢过程。在缺碘地区，每千克日粮中应补加 0.2 mg 碘。

（5）硒存在于体细胞中，与维生素 E 关系密切，是谷胱甘肽过氧化酶的主要成分。在缺硒地区，每千克饲料中应补充 0.1 mg 亚硒酸钠。

（6）镁大部分存在于骨骼中，它与钙、磷和碳水化合物的代谢关系密切，在猪体内起着活化各种酶的作用。

任务三　充足干净的饮水

水是一切生命最重要的养分，水分是猪的各种器官、组织和体液的重要组成部分，对调节体温、吸收营养等具有巨大作用。水在应用物质代谢过程中有特殊功能，养分的消化、吸收和转运，代谢过程和代谢产物的排泄、血液循环、体温调节、关节运动等生理生活都需要水分。

一、水是猪必需的重要营养物质

在养猪生产中，水是最重要、最便宜的养分，是猪必需的七大重要营养物质（水、蛋白质、脂肪、碳水化合物、矿物质、维生素和粗纤维）之一。

（一）水是猪体的主要组成成分

猪体内水占 55%～75%，仔猪体内 70% 是水，初生仔猪的体内水分含量最高可达 90%。随着体重的增加，猪的含水量逐渐下降，体重达 100 kg 时，水分占到 50%。猪体内的水液统称为体液，是构成细胞、组织液、血浆等的重要物质。

（二）水是各种营养素和物质运输的介质

猪体内发生的化学反应中，水不仅起着溶剂作用，而且直接参与机体代谢过程，包括猪对饲料的采食，食糜的输送，养分的消化、吸收、转运、分解与合成以及废物的排泄等。在这些过程中，水都发挥着极其重要的作用。

（三）水是猪的矿物质来源之一

在饮用水中，含有许多丰富的矿物质，如钠、钙、镁、铁、铜、铬、锰等元素，猪可从中获得所需的 20%～40% 钠、7%～28% 的钙、6%～9% 的镁、20%～45%的硫。

（四）水对体温调节具有重要作用

水的比热大，导热性好，蒸发性高，可以很好地调节体温；水的热传导性强，使猪体内代谢累积的热量转运和蒸发散失；水又具有贮热能力，可避免体温的骤然改变。

（五）水是猪体内很好的润滑剂

猪体内关节囊内、体腔内及各种器官间的组织液中的水，可减少关节和器官间的摩擦力，起到润滑作用。

（六）水还具有许多特殊作用

作为脑液，对神经系统起水垫作用；在耳朵里，水具有传声作用；在眼睛里，水与视力有关；水也是猪乳、胎儿的重要组成成分。

二、水量和水质对猪的影响

（一）饮水不足对猪的影响

猪所需要的水来自饮水、饲料中的水、代谢水、治疗水。其中，代谢用水是不能人为控制的，治疗用水，如腹腔补液、口服补液、输液等均在此类。

通过加水使饲料中的水分增加，如给母猪喂湿拌料，给哺乳仔猪喂稀粥料等。但饮水是最主要的来源，一般占所需水量的 85% ~ 95%。水量不足会造成严重影响：① 导致猪消化率降低，影响其生长发育。猪体内一旦缺水，采食量就会降低，肠蠕动减缓弱，营养吸收不全，消化率降低，饲料报酬降低，泌乳量少，生长发育受阻。据报道，断奶小猪缺水日增重会下降 18%，料肉比减少 4%；生长育肥猪缺水日增重会下降 5.5%，料肉比减少 5.5%。② 导致猪体产生毒素，发病率增高。猪体会新陈代谢过程中产生的废物需要通过水来排泄，如果不把这些废物及时排泄出去，就会产生毒素，造成猪体蓄积中毒，严重者会因盐中毒而死亡。据报道，猪体失水 10% 就会出现反常，丧失 20% 的水，生命就出现危险。此外，猪缺水口渴就会喝脏水而导致其患肠道疾病。

哺乳母猪饮水量不足时，会使母猪采食量下降，泌乳量减少，母猪体重损失大，仔猪断奶重小，尤其是分娩后七天内会使泌乳浓度过高，造成仔猪消化不良，产生腹泻。

仔猪饮水量不足，会使仔猪生长速度缓慢，发育不良，无法发挥出最大的生长潜能。哺乳仔猪在仔猪出生 1 ~ 2 天内就要饮水。在第 1 周，每头仔猪每日每千克体重需要 190 g 水（包括母猪乳汁中的水）。仔猪在诱食补料期间，采食量很少，但如果不供应饮水，采食量会更少。10 ~ 22 周自由采食自由饮水的情况下，水料比平均应为 2.56。

育肥猪饮水不足时，会使消化吸收能力下降，采食量下降，生长速度缓慢，出栏时间延长，成本增加。

对未配种的青年母猪，发情期采食量和饮水量都会降低。妊娠后，母猪饮水量随着干物质的增加而增加，空怀母猪每天饮水 11.5 kg，妊娠母猪增加到 20 kg；公猪饮水量没有确定的标准，可自由饮水。

（二）饮水过量对猪的影响

猪对水的排出一般有四条途径，即肺脏呼出、皮肤蒸发散失、消化道随粪便排出和肾脏泌尿。通常情况下，猪喝进体内的水首先通过尿液和汗液排出体外，使体内水的数量得到调节，从而使血液中的盐类等特定化学物质的含量达到平衡。如果猪喝了太多的水，最后肾不能快速将过多的水分排出体外，并使血液就会被稀释，并使血液中的盐类浓度降低。这样水就会从稀释的血液中移向水较少的细胞和器官，而这将引起相应的器官的膨胀水肿，从而出现“水中毒”的症状。轻者会出现尿少而频，红尿，体温下降，呼吸加快，腹围增大；重者食欲废绝，呕吐，粪便稀薄，四肢无力呈游泳状划动，肌肉痉挛，甚至死亡。一般多发生于猪缺水 6 h 以上、长途运输缺水、炎热夏季缺水后暴饮。

（三）水质不良对猪的影响

饮水的质量直接关系到动物的生长发育和健康。细菌总数超过每毫升 100 个，大肠菌群超过每毫升 3 个就会引起动物腹泻、营养吸收障碍和其他多种疾病。水中含铁量过高会促进肠道病原菌的繁殖，硫酸盐过高会引起下痢，硝酸盐含量高于 500 mg/kg、亚硝酸盐高于 10 mg/kg 就可引起中毒，1 500 ~ 2 500 mg/kg 的硫酸盐可引起短暂腹泻。

三、科学合理地给猪饮水

（一）保证猪饮水的安全卫生

养殖企业和专业户要重视畜禽饮水卫生，细菌、重金属及有毒有害物质含量都应控制在规定的适宜范围内。

1. 水源的选择要符合《无公害食品　畜禽饮用水水质》标准

建场之初就应考虑水源保障，有条件的应选择水质较好的自来水，在农村应选择地下深井水，水井应加盖密封，防止污物、污水进入，水源周围 50 ~ 100 m 内不得有污染源。如用地面水作饮用水时，应根据水质情况进行沉淀、净化、消毒处理后才可饮用。一般每升水加 6 ~ 10 g 漂白粉或 0.2 g 百毒杀处理。放牧的猪最好不要饮沟洼地的积水、雨水等。

2. 水质要符合《无公害食品　畜禽饮用水水质》标准

合格饮水要求达到无色、透明、无异味；每升水中大肠杆菌数不超过 10 个，pH 值在 7.0 ~ 8.5，水的硬度在 10 ~ 20 度等。为确保水质良好，猪场都应该至少每年对猪的饮水质量进行一次监测（检测项目见表 3-3-1）。硬度过大的水一般可采取饮凉开水的方法降低其硬度；高氟地区，可在饮水中加入硫酸铝、氢氧化镁以降低氟含量。

表 3-3-1 饮水水质检测项目

检测项目	标准值	单位
色度	< 5	
浑浊度	< 2	
臭气	无异常	
味	无异常	
氢离子浓度（pH 值）	5.8 ~ 8.6	
硝酸氮及亚硝酸氮	< 10	mg/L
盐离子	< 200	mg/L
过猛酸钾使用量	< 10	mg/L
铁	< 0.3	mg/L
普通细菌	< 100	个/L
大肠杆菌	未检出	
残留氯	0.1 ~ 1.0	mg/L

3. 保证饮水器具卫生

对饮水器具要每天进行清洗，尤其运动场上的饮水器具容易脏污，要注意除尘土保卫生。

没有清洁的水塔和水检测报告样本见图 3-3-1 和图 3-3-2。

图 3-3-1 没有清洗的水塔，长满杂草

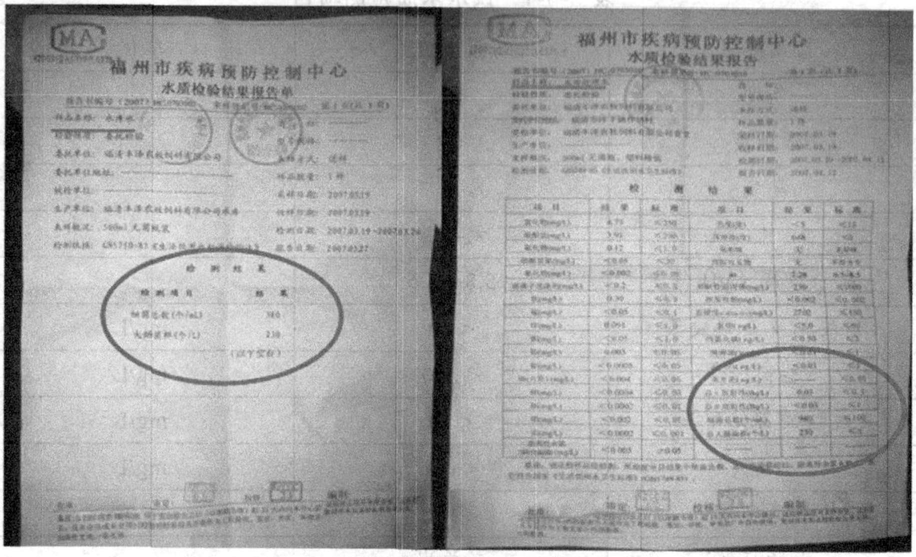
福州市疾病预防控制中心
水质检验结果报告单

福州市疾病预防控制中心
水质检验结果报告

图 3-3-2　水检测报告样本

（二）保证水流率和饮水量

（1）经常检查供水系统起始处、中间部位以及末端处的水流率（见表3-3-2）。

表 3-3-2　水量的需求与水嘴流量的要求

项　目	体重（kg）	日需水量（L）	水嘴流量（mL/min）
断奶仔猪	6	0.19 ~ 0.76	500
断奶仔猪	10	0.76 ~ 2.5	500
生长猪	25	1.9 ~ 4.5	700
育肥猪	50	3.0 ~ 6.8	700
育肥猪	110	6.0 ~ 12.0	1 000
怀孕母猪		7.0 ~ 17.0	1 000
哺乳母猪		14.0 ~ 29.0	1 500

（2）影响猪对水需要量的因素很多，如气温、饲料类型、猪的大小和生理状态等。这些因素均对猪的需水量有重要影响。在舍饲条件下，1 头带仔母猪每天需供给 75 ~ 100 L 水，妊娠母猪、公猪、育成猪每天需供水 30 L，幼猪和肥猪每天需供水 15 ~ 20 L。断奶仔猪最初 2 周内喝足水是极其重要的，因为这时吃高蛋白饲料需要有较高的饮水量以便排泄出多余的氮，这样才能保证采食量和降低发病率。特别要保证哺乳母猪夏季水量供应，每天需要水 40 kg 左右，水量不足会造成采食量降低、泌乳量下降。

（三）不能忽视水温

猪的饮水和食料的温度与猪的生长发育和健康有密切的关系。猪在夏天适宜饮用凉水；而在寒冷季节适宜饮用温水，饮温水的效果，可以促进猪的采食量，显著地提高猪的日增重、降低腹泻率。特别是仔猪，当饮水温度低于体温时，不仅猪需要用额外的能量以提高摄入水的温度，而且冷应激还会造成猪胃溃疡、消化不良等病症。经广西大学试验证明，哺乳仔猪饮用由多功能恒温饮水器供给的 37 °C 温水，比饮常温自来水的仔猪日增重多 39.4 g，增重多 0.82 kg，头均耗料多 0.34 kg，腹泻率低 20%。寒冷季节水温对母猪也很重要，哺乳母猪若喂低于 0 °C 的水和料，每天需多耗 0.5 kg 的精料浪费在维持体温上。冬季给妊娠母猪喂冰凉水料，还易造成流产等不良后果。寒季猪饮水的适宜温度为：生长育肥猪和妊娠猪 16 ~ 20 °C，保育猪 20 ~ 25 °C，哺乳母猪 25 ~ 28 °C，哺乳仔猪 35 ~ 38 °C。

饮用水可通过水管输送给猪饮用、水管在猪舍内外都有（见图 3-3-3 和图 3-3-4）。

图 3-3-3　水管在猪舍外部

图 3-3-4 水管在猪舍内部

（四）安装先进实用的供水设备

猪用自动饮水器具有清洁卫生、节约用水、节省劳动力、保证随渴随喝等优点。饮用水的给水方式可分为：水料槽方式、饮水器方式（主要有乳头式、鸭嘴式和碗式杯式等）、以水料槽较好。

1. 乳头式饮水器（见图 3-3-5）

乳头式饮水器由壳体、顶杆和钢球三部分构成。平时饮水器内的钢球靠自重及水管内的压力密封水流出口。猪饮水时，用嘴触动饮水器的“乳头”，由于阀杆向上运动而钢球被顶起，水由钢球与壳体之间的缝隙流出；猪松嘴后，靠水压及钢球、顶杆的重力，使钢球、顶杆落下与壳体密接，水停止流出。这种饮水器对泥沙等杂质有较强的通过能力，但密封性差，并要减压使用；否则，流水过急，不仅会使猪喝水困难，而且因流水飞溅而浪费用水，同时会弄湿猪栏。安装乳头式饮水器时，一般应使其与地面成 45° ~ 75° 角，离地高度根据各类猪的实际情况而不同：仔猪为 25 ~ 30 cm，生长猪（3 ~ 6 月龄）为 50 ~ 60 cm，成年猪为 75 ~ 85 cm（见表 3-3-3）。

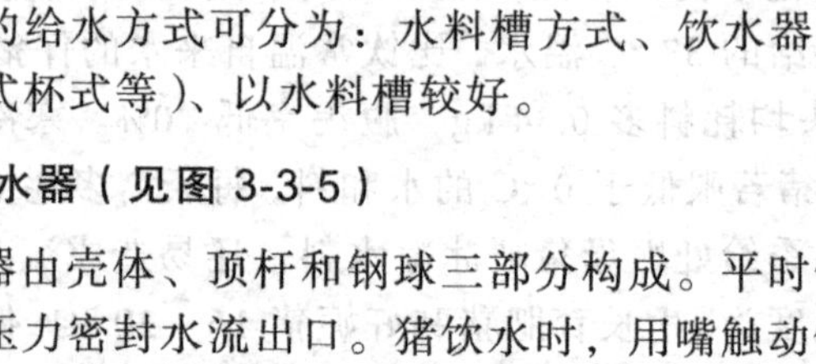

图 3-3-5 乳头式

表 3-3-3　猪在各生长阶段的流水量、饮水量及饮水器的高度

项　目 阶　段	高度 （cm）	流量 （L/min）	每日饮水量（L）		每个饮水器 供给（头）
			冬天	夏天	
哺乳仔猪	15 ~ 25	0.5 ~ 0.8	1.5 ~ 4	3 ~ 8	5 ~ 10
保育小猪	25 ~ 30	0.8 ~ 1.2	2 ~ 5	4 ~ 10	5 ~ 10
生长猪	50 ~ 60	1 ~ 1.5	8 ~ 12	16 ~ 20	5 ~ 10
肥育猪	50 ~ 60	2	8 ~ 12	16 ~ 20	5 ~ 10
妊娠母猪	75 ~ 85	2	14 ~ 18	24 ~ 30	1
哺乳母猪	75 ~ 85	2	18 ~ 22	30 ~ 37	1
公猪	75 ~ 85	2	14 ~ 18	24 ~ 30	1 ~ 2

2. 鸭嘴式饮水器（见图 3-3-6 和图 3-3-7）

鸭嘴式饮水器由鸭嘴体、阀杆、弹簧、胶垫或胶圈等部分组成。平时在弹簧的作用下，阀杆压紧胶垫，从而严密封闭了水流出口。猪饮水时，将鸭嘴体衔于口内，挤压阀杆，克服弹簧压力，使阀杆胶阀与水管中心偏离，于是水从饮水器管体流入猪的口腔中；当猪嘴松开后，靠回位弹簧张力，阀杆复位，出水间隙被封闭，水停止流出。鸭嘴式猪只饮水设备密封性能好，水流出时压力降低，流速较低，符合猪只的饮水要求。鸭嘴式猪用自动饮水器，一般有大小两种规格，小型的流量一般在 2 ~ 3 L/min，大型的流量一般在 3 ~ 4 L/min。乳猪和保育仔猪用小型的，中猪和大猪用大型的。安装这种饮水器的角度有水平的和 45 度两种，离地高度随猪体重变化而不同，饮水器要安装在远离猪只休息区的排粪区内。定期检查饮水器的工作状态，清除泥垢，调节和紧固螺钉，发现故障要及时更换零件。

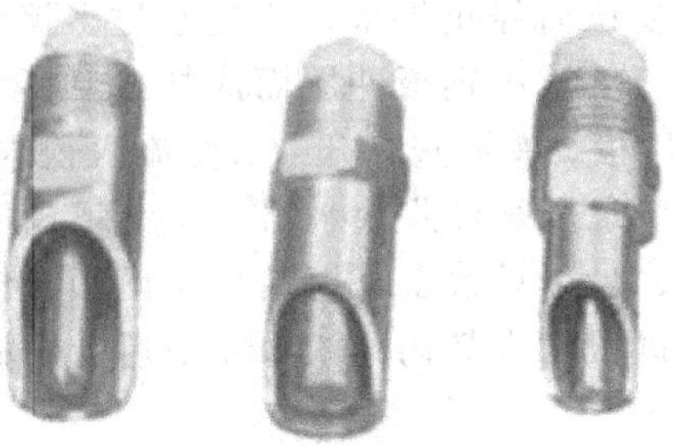

图 3-3-6　鸭嘴式饮水器（1）

图 3-3-7 鸭嘴式饮水器（2）

3. 碗式、杯式饮水器（见图 3-3-8）

碗式、杯式饮水器供水部分的结构与鸭嘴式大致相同，杯体常用铸铁制造，也可以用工程塑料或钢板冲压成形（表面喷塑）。一种以盛水容器（水杯）为主体的单体式自动饮水器，常见的有浮子式、弹簧阀门式和水压阀杆式等类型。通常，一个双杯浮子式饮水器固定安装在两猪栏间的栅栏间壁处，供两栏猪共用。浮子式饮水器由壳体、浮子阀门机构、浮子室盖、连接管等组成。当猪饮水时，推动浮子使阀芯偏斜，水即流入杯中供猪饮用；当猪嘴离开时，阀杆靠回位弹簧弹力复位，停止供水。浮子有限制水位的作用，它随水位上升而上升，当水位上升到一定高度，猪嘴就碰不到浮子了，阀门复位后停止供水，避免水过多流出弹簧阀门式饮水器，水杯壳体一般为铸造件或由钢板冲压而成杯式。杯上销连有水杯盖。当猪饮水时，用嘴顶动压板，弹簧阀打开，水便流入饮水杯内；当嘴离开压板，阀杆复位停止供水。水压阀杆式饮水器，靠水阀自重和水压作用控制出水的杯式猪只饮水器，当猪只饮水时用嘴顶压压板，使阀杆偏斜，水即沿阀杆与阀座的间隙流进饮水水杯内；饮水完毕后，阀板自然下垂，阀杆恢复正常状态。

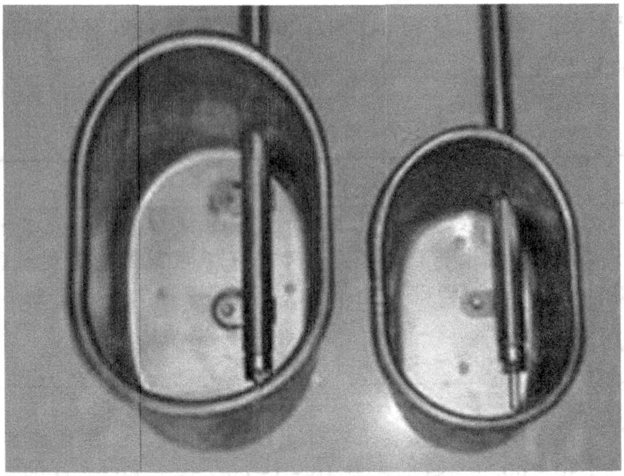

图 3-3-8　碗（杯）式

4. 水料槽方式（见图 3-3-9）

水料槽方式给水，应注意经常清刷和清洁水料槽，以保证水的清洁。

图 3-3-9　水料槽方式

四、饮水中常见的问题

饮水中常见的问题主要体现在饮水设备故障、特定饮水器问题、配水问题等。

（1）饮水设备的普遍故障（见表 3-3-4）。

（2）特定饮水器问题（见表 3-3-5）。饮水器的几种问题见图 3-3-10～3-3-14。

（3）配水问题（见表 3-3-6）。

表 3-3-4　饮水设备的普遍故障

问题	实例/备注
水流速度不够	（1）饮水器中有物质沉积，如铁锈、沉淀物、麦秸等。 （2）饮水器选择不当，如低压系统配备高压饮水器。 （3）水流调节设置不对，可能由于水流调节器选择不当或维护不良造成。 （4）流向饮水器的水流速度不够
饮水器过高	（1）造成饮水障碍或造成水的浪费。 （2）水嘴高度要求：体重 10～30 kg，高出背部 8～10 cm；体重 30～60 kg，高出背部 10～15 cm；体重 60 kg 以上，高出背部 20～25 cm
饮水器过低	造成猪只饮水困难，浪费增加，饮水时间延长
角度不对	（1）造成猪只饮水困难，浪费增加，饮水时间延长。 （2）造成饮水器过渡磨损，使用寿命缩短。 （3）长期饮用角度不良的饮水器之后，猪只会表现出面部变形，类似于萎缩性鼻炎的症状
饮水器数量不够	（1）饮水器不够常导致饮水不足，尤其常见于乳头饮水器和鸭嘴式饮水器。 （2）饮水器安装数量：英国农林渔业部（MAFF）推荐的每 10 头猪一个饮水器。关于一圈中安装几个水嘴的问题还一直存有争议，有实验表明，4 周龄的猪每 16 头用一个水嘴对猪生长的影响很小，但仔猪体重的均匀度明显不齐；另一项调查显示每 5 头仔猪用一个水嘴可以使猪达到最佳的生产水平和最好的均匀度；Brumm（2006）建议保育舍超过 10 头、育肥舍每圈的猪在 15～20 头时，至少需要 2 个供水设备
饮水器离得太近	导致一头或几头猪长期占据所有的饮水器
安置不合理	饮水器距某面墙或食槽等太近，造成饮水不便
饮水器的安置不便于员工操作	饮水器安置在猪栏后部，不便于操作，员工常忽略维护和检查
饮水器型号与猪只日龄不相符	给仔猪用成年猪饮水器，或反过来，给成年猪用仔猪饮水器，增加了浪费，造成饮水时间过长
饮水器漏水	造成浪费，且导致垫料、栖息区潮湿，增加染病机会
饮水器种类混杂	同一猪舍甚至同一栏位当中采用不同类型的饮水器，这样会造成水流不一致，从而造成采食量不一致、同一猪舍中不同栏位猪只的生长速率不一致

表 3-3-5 特定饮水器问题

问题	实例/备注
乳头式饮水器	
水流速度缓慢	乳头饮水器完全不出水的情况是很少见的，通常是铁锈在球形阀附近沉积，造成水流速度缓慢
水压、水流过大	这种情况下水流会呈喷射状，甚至喷到隔壁栏位的猪身上，高的流速会造成饮水困难甚至导致猪发生窒息
鸭嘴式饮水器	
角度不对	角度不对有两种情况： （1）左右角度不当，造成浪费、饮水时间长。 （2）前后与墙之间的角度不当造成浪费
鼻压式饮水器	
水不能直接流到水槽里	鼻压式饮水器的水应该流到水槽里，这种饮水器是以间接的方式给猪供水的，安装不当时，水会喷到水槽外，猪只无法饮水，且造成浪费，并浸湿垫料
料槽用作水槽的情况	
塞满垫料	造成猪只饮水困难，常因维护不良、泥沙沉积所致
被粪便污染	由于安置不当、维护不良而造成
水深不够	料槽中水深不够，猪需要花更长的时间才能喝到足够的水
料槽深度不够	料槽盛水太少，供不上饮用
料槽的倾斜度不一致	由于设计不合理或维护不良，造成料槽倾斜度不一致，有的料槽溢水，造成浪费
黏有腐败饲料	（1）料槽中剩料会造成供水系统污染，有些母猪会因此减少饮水。 （2）腐败饲料还会堵塞通往下游的水路。 （3）如果饲料发霉，还会增加疾病感染的风险
食槽不干净	（1）尤其是食槽的末端，容易积累发霉的剩料，富含真菌毒素，另还会招引啮齿动物和苍蝇。 （2）病猪护理栏的料槽沉积发霉饲料和其他杂物的问题更严重，尤其是在料槽不便清洗的情况下
浮子肮脏	在采用浮子调节水位的系统中，浮子的维护通常都非常差，甚至被完全忽略
食槽有穿孔	尤其是采用共用食槽/水槽的产房容易发生，由于维护不良加上生锈，易造成食槽穿孔、漏水
湿饲系统	
对病猪或紧急情况准备不足	许多采用湿饲的猪场都没有准备额外的供水方式
使用火鸡饮水器	
不干净	霉菌滋生得很快，每 2~3 天就应该用消毒剂清洗一次，这样才能抑制霉菌的滋生。应采用温和的消毒剂，如碘制剂
用于 25 kg 以上的猪只	不应给大猪使用火鸡饮水器。大猪会把火鸡饮水器到处乱拱，造成饮水浪费。调查中，两家猪场都存在这个问题
安置不当	例如，碰到了地面，常流水，造成浪费，在全封闭式饲养条件下这种问题常不易发现

表 3-3-6 配水问题

问题	实 例
管线内径变小	内径变小会影响饮水器的水流速度，造成此问题的原因主要有： （1）矿物质沉积，如碳酸钙就会在维护不良的金属管内部沉积，使管径变小。 （2）水中添加含糖的制剂常会刺激藻类的生长，如杀菌剂、甜水剂等
安置不当	配线过长，水压减弱
直径不够	大多数猪场的猪舍配水系统都采用 13 mm 水管，而 22 mm 的水管更合适一些
定时给水	常常是供水的时候水流超过了猪的需要，而供水之后长达若干小时的时间里猪喝不上水
有意地限制供水	传统的猪场管理当中，对刚断奶的母猪常限制饮水，以降低乳房炎的发病。在现代的生产系统中这种措施已很少应用
连接饮水器的水管旋转	饮水器装在围栏处，伸向栏内。当配水管沿轴向旋转时，饮水器会被转到栏杆当中，造成猪只饮水非常困难
水太热	热带地区贮水设施不良，供给猪只的饮水温度超过 30 °C
冻冰	水管安置不合理，绝热性能不好。如采用舍外饲养系统，则应准备备用的饮水器具，如果配水管结冰，就用这些饮水器具给猪只喂水
水压不足	水流量低可能由水压低、管道太长、太细或管道有渗漏等造成，所以要对水嘴流量经常进行检查，流速太高对增加猪的饮水量并无多大作用，反而容易造成水的浪费

图 3-3-10 漏水的饮水器

图 3-3-11 歪头的饮水器（1）

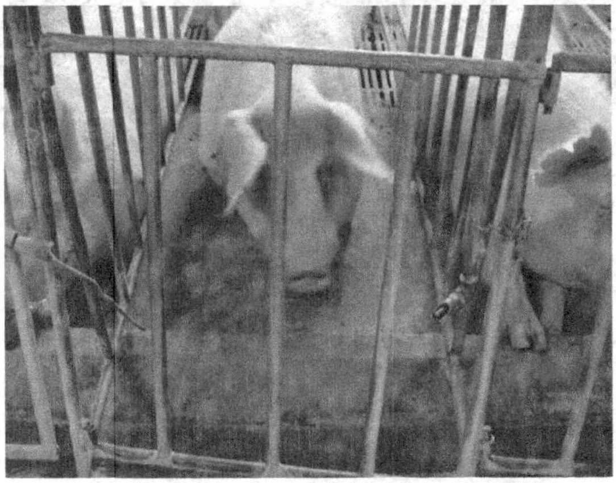

图 3-3-12 歪头的饮水器（2）

图 3-3-13 喷水的饮水器

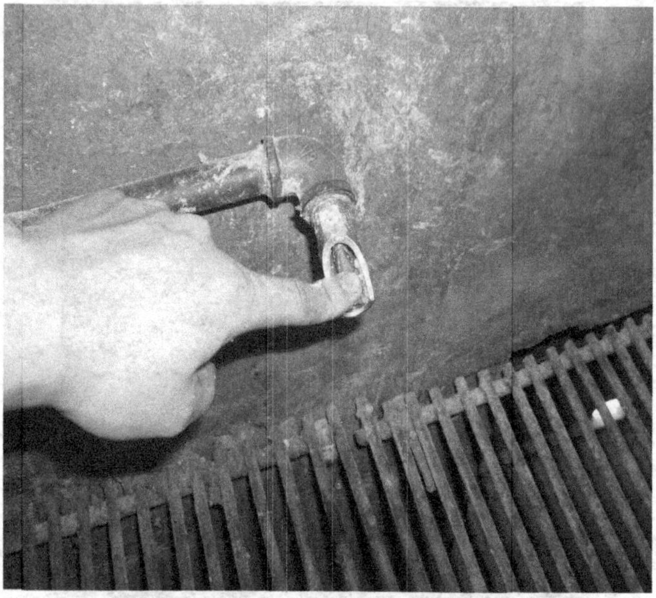

图 3-3-14　停水的饮水器

项目四　猪场防疫体系

猪场防疫体系包括：隔离、消毒、防疫与检疫、驱虫、保健、灭害（鼠、蝇、蚊、驱狗猫等）、病死猪无害化处理、粪污的无害化处理。

任务一　隔　离

动物疫病传播有三个环节：传染源、传播途径、易感动物。在动物防疫工作中，只要切断其中一个环节，动物传染病就失去了传播的条件，就可以避免某些传染病在一定范围内发生，甚至可以扑灭疫情，并最终消灭传染病。但对规模化的养殖场来说，消灭传染源、保护易感动物只是防疫工作的两个重要方面，只有做好隔离工作，切断传播途径才是防止重大动物疫情发生的最关键措施。规模化的养殖场要从以下几方面做好隔离。

一、引种舍隔离

感染猪与易感猪之间直接接触是传播疾病最有效的途径。因此对引进猪只进行隔离，可有效避免这样的疾病传播。隔离期间，可对引进猪只进行观察，确保没有疾病迹象之后再转入猪群。隔离的时候，还可以针对引进猪只的特定病原感染情况进行检验，并针对大群当中已知存在的疾病对引进猪只进行免疫接种。如果新引种猪隔离工作做得不好，就会对猪群健康构成很大的威胁。

（1）隔离舍应与猪场有一段距离并采用全封闭式的，距生产区至少 500 米以上（地处下风口）。引种隔离舍见图 4-1-1。

（2）隔离场采用全进全出制，批次间要严格清洗、消毒、空栏。

（3）隔离时间在 30 ~ 60 天，最好是 60 天。

（4）隔离场的工作人员仅在隔离场工作，与其他猪只没有任何接触。

（5）新猪往隔离场运输之前以及从隔离场转入种猪场之前，本场兽医应与源场兽医联系，了解新猪的健康状况。

（6）检验引进猪只血液与症状监控相结合，并且采用哨兵猪（即选择本场的中大猪一定数量与刚引进的种猪进行混群）或用本场的猪粪进行并档。特别是对布氏杆菌、伪狂犬病（PR）等疫病要特别重视。须采血选定有关兽医检疫部门检测，确认没有细菌感染和病毒野毒感染，并监测猪瘟、口蹄疫等抗体情况。

（7）当隔离场猪在血检中就发现已知病原时，要进一步检查所有猪只。

（8）进场免疫、进场 1～2 周后，根据供方免疫记录、病原检测结果、隔离观察的表现等情况，对引进种猪及时免疫。

（9）驱虫：进场 3 周内驱除猪体内、外寄生虫 1 次。

图 4-1-1　引种隔离舍

二、病猪隔离

目前疫病繁多，猪场每年要检测猪群 1～2 次，每次都会检出一些阳性猪、可疑猪、病猪，这些猪只需要调出猪群，处理到隔离场去观察和治疗。一个中大型规模的猪场，每周、每月都会有一批需要隔离处理的猪群到隔离场去饲养、观察、治疗和处理。所以一个中大型猪场建立隔离场是十分必要的。

病猪隔离措施如下：

（1）隔离场应建设在猪场的下风向偏僻的地方，距离猪场最好 500～1 000 m，太远可能带来运输和管理上的不便，太近又怕引起疫病传播。

（2）隔离猪场布局应该有保育舍、母猪舍和生长肥育舍。将不同猪群进行分别处理，特别是怀孕与带仔母猪应设专门猪栏，分别对待。

（3）隔离场应选择一批责任心强，有临床经验的饲养员和兽医技术员去那里工作。

（4）隔离场应坚持严格的消毒制度。

三、人员隔离

1. 外来人员

严格控制非生产人员进场，原则上不允许任何访问者进入生产区。可以进场的访问者只有特殊维修人员、对生产和管理有帮助的特殊技术访问者。为便于生产区人员与外界的联系和传递，可设一个有消毒过程的非出入性窗口，经过许可而进入生产区的访问者，必须严格按场内规定洗浴或消毒、更衣、换鞋后方能入内。访问者必须原种场 48 h，祖代场和父母代场 24 h 内未接触其他猪源，12 h 内未接触其他家禽、家畜。另外，药厂和饲料厂的销售代表等来访者总是穿梭往来于各个猪场之间，要确保他们不将任何不良物品留在猪场。有时候，兽医也同样可以成为危险因素。非本场员工获准进场者需隔离 3～5 天方可进场。

2. 本场职工

员工休假回场或新招员工要在生活区隔离 3～5 天后方可进入生产区工作。生产区内，职工不准串舍，兽医等技术人员不消毒手和足就不能从一栋猪舍进入另一栋猪舍，本舍饲养员严禁进入其他猪舍。

四、器材用具等隔离

各生产区的工具用具和物品必须专用。

任务二 消 毒

一些规模猪场因猪群数量多，周转流动大、饲养密度较高、环境恶劣，极易造成疫病的传播。因此，猪场的消毒越来越受到人们的重视，因为消毒工作是切断疫病传播途径、杀灭或清除猪场内外环境及猪体表面病原微生物的有效措施。科学规范的消毒措施不仅能够有效阻止外部病源的传入，同时也能减少猪舍内外环境中病源微生物的含量，减轻外界病原对猪群的压力，降低猪群的感染机会。

养猪场要重视消毒，也要科学消毒，使每一次消毒都取得理想的效果，因此要树立全面、全程、彻底、不留空白的消毒观念。猪场大门入口、生产区入口、每栋猪舍入口都要设有消毒池，并经常更换消毒液，保持其有效浓度；场内和生产区内的道路也要定期消毒，猪场大环境应每月彻底消毒一次，生产区净道每周消毒一次，污道每周消毒两次；猪舍小环境（包括地面、墙壁、空间、用具等）应定期进行带猪消毒，产房、保育舍、育肥舍在猪出栏后应彻底清洗消毒，空舍净化一周后须经再次消毒方可使用。注意定期更换不同性质的消毒剂，以免病原产生耐药性。千万记住：健康猪场的费用开支为消毒药>预防药>治疗药。

一、消毒的种类和方法

（一）消毒的种类

消毒包括：预防消毒、患病消毒、空栏消毒、载畜消毒。

（二）消毒方法

1. 物理消毒

（1）清扫冲洗：可除掉 70% 的病原，并为药物消毒创造条件。

（2）通风干燥：减少病原体的数量，并使芽孢、虫卵以外的病原失去活性。

（3）太阳曝晒：适于对生产用具进行消毒。

（4）紫外线灯：适于对衣服进行消毒。

（5）火焰喷灯：对各种病原均有杀灭作用，但不能对塑料、干燥的木制品进行消毒，消毒时必须注意防火。

2. 化学药物消毒

化学药物消毒是最常见的消毒方法。药物消毒时，圈面清洁程度，药物的种类、浓度，喷药量、作用时间、环境温度等都会影响消毒的效果。

（1）常用消毒液。

一个猪场要进行彻底地消毒，首先应对消毒液的分类有一定的了解，消毒液一般按杀菌能力分类：① 高效（水平）消毒剂，即能杀灭包括细菌芽孢在内的各种微生物；② 中效（水平）消毒剂，即能杀火除细菌芽孢在外的各种微生物；③ 低效（水平）消毒剂，即只能杀灭抵抗力比较弱的微生物，不能杀灭细菌芽孢、真菌和结核杆菌，也不能杀灭如肝炎病毒等抗力强的病毒和抗力强的细菌繁殖体。常用消毒药对各种病原体的杀灭能力见表 4-2-1 和表 4-2-2。

表 4-2-1　各种微生物对各类化学消毒剂的敏感性

消毒剂种类	细菌	病毒	真菌	芽孢	虫卵
醛　类	+++	++	+	++	-
过氧化物	+++	++	++	++	-
卤素类（氯、碘）	+++	+++	+++	+++	+
双季胺盐类	+++	++	-	-	-
碱　类	+++	+++	+++	+++	+++
复合酚类	+++	-	++	-	-
醇　类	+++	++	-	-	-

注：+++表示高度敏感；++表示中度敏感；+表示低度敏感；-表示抵抗。

表 4-2-2　各类消毒药及其使用推荐

类别	名称（商品名）	常用浓度及用法		消毒对象
碱类	NaOH（烧碱）	1%～5%	浇洒	空栏消毒、消毒池
	CaO（生石灰）	10%～20%	刷拭	空栏消毒
酚类	农乐（美国）	1∶500	喷洒	发生疫情时栏舍环境强化消毒
	宝乐酚（氯甲酚）	1∶200	喷洒	发生疫情时栏舍环境强化消毒
	菌毒敌（湖南）	1∶300	喷洒	空栏消毒、载畜消毒、消毒池
	农福（英国）	1∶500～1 000	喷洒	发生疫情时栏舍环境强化消毒
	5 号消毒液（燕塘）	1∶300～500	喷洒	发生疫情时栏舍环境强化消毒
醛类	灭毒先锋（福建农林大学）	1∶200～400	喷洒	空栏消毒、载畜消毒、消毒池
	福尔马林	15%～20%	熏蒸	空栏消毒后的猪舍
	宝利醛（戊二醛）	1∶300	喷洒	空栏消毒、载畜消毒、消毒池
季铵盐类	强毒净（福建农林大学）	1∶500～1 000	喷洒	空栏消毒、载畜消毒
	拜洁（拜耳产品）	1∶500	喷雾	畜舍内外环境消毒、载畜消毒
	聚维酮碘（宝维碘）	1∶1 000～2 000	喷洒、饮水、外用	畜舍内外环境消毒、载畜消毒
	百毒杀（派期德）	1∶100～300	喷雾	畜舍内外环境消毒、载畜消毒
	TH-4（美国富道）	1∶50～500	喷雾	畜舍内外环境消毒、载畜消毒
	全能（燕塘）	1∶300～500	喷雾	畜舍内外环境消毒、载畜消毒
卤素类	消特灵（广东迈高）	1∶15 000	饮水消毒	饮水消毒
	碘（碘酊、碘甘油）	2%～5%	外用	皮肤及创伤消毒
	聚醇醚碘（宝灵碘）	1∶2 000～4 000	喷雾	畜舍内外环境消毒、载畜消毒
	安多福（深圳高科）	1∶500	外用	子宫冲洗
	百菌消-30（辉瑞）	0.2%	喷雾	畜舍内外环境消毒、载畜消毒

续表 4-2-2

类别	名称（商品名）	常用浓度及用法		消毒对象
氧化剂	高锰酸钾	0.1%	浸泡	皮肤及创伤消毒
	过氧乙酸	0.5%	喷雾	畜舍内外环境消毒
	惠福星（惠华）	1∶500～1 000	喷雾	发生疫情时栏舍环境强化消毒
	宝利氯（二氧化氯）	1∶10 000～20 000	饮水	饮水消毒
醇类	酒精	70%	外用	皮肤及创伤消毒
干粉	爽乐神（哈默）	按说明使用	外用	猪舍环境消毒、乳猪出生体表消毒
	密斯陀	按说明使用	外用	猪舍环境消毒、乳猪出生体表消毒

（三）消毒设备（见图 4-2-1）

图 4-2-1　消毒设备

二、猪场消毒程序

（一）生活区大门

生活区大门应设消毒门岗（见图 4-2-2），全场员工及外来人员入场时，均应通过消毒门岗，消毒池每周应更换两次消毒液。

图 4-2-2　生活区门口消毒门岗

（二）进入生产区消毒

（1）生产区出入口设有男女淋浴室及 2 m 左右的消毒池，所有进入生产区的人员（买猪人员禁止进入）都必须充分淋洗，特别是头发，然后换上工作服及雨鞋通过消毒池进入生产区（一般在消毒水中需浸泡 15 s 以上）；从生产区出来的所有人员也同时必须充分淋洗，特别是头发，然后换上自己的衣服进入生活区或办公区。

（2）用具在入场前需喷洒消毒药（很多猪场往往忽视这一点）。

（3）猪场大门入口处的宽度与大门宽度相同，长与进场大型机动车车轮一周半长相同的水泥结构消毒池。

（三）猪舍门口消毒（见图 4-2-3）

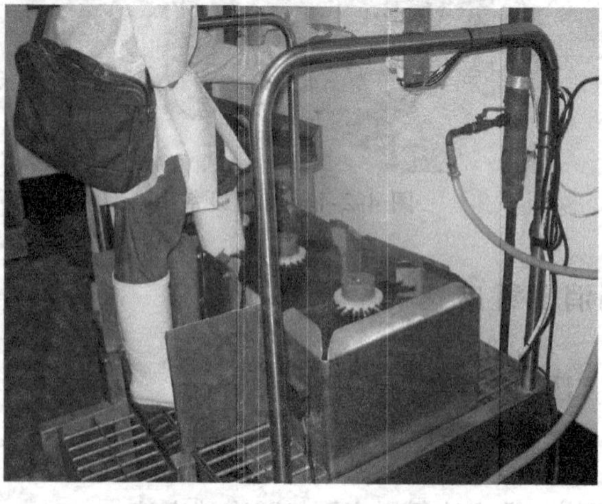

图 4-2-3　猪舍门口消毒

每栋猪舍门口要设置消毒池或消毒盆，员工进入猪舍工作前，先经猪舍入口处脚踏消毒池消毒鞋子，然后在门口消毒盆中洗手，而且每日下班前必须更换消毒池和消毒盆中的消毒液。工作人员未对手和足消毒就不能从一栋猪舍进入另一栋猪舍，本舍饲养员严禁进入其他猪舍。

（四）猪舍消毒（见图 4-2-4～4-2-6）

图 4-2-4 猪舍消毒（1）

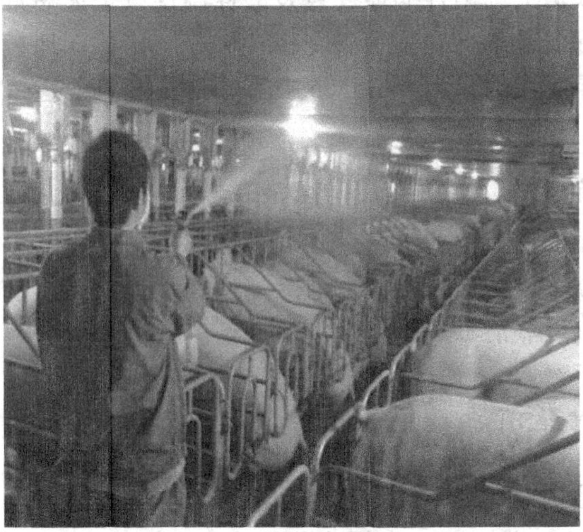

图 4-2-5 猪舍消毒（2）

图 4-2-6 猪舍消毒（3）

1. 舍内带猪消毒

猪舍内，连同猪舍外、猪场道路每周定期清洗及喷雾消毒两次，在疫病多发季节可以两天消毒一次或一天消毒一次，消毒时间选择在中午气温比较高时效果较好。但猪舍清洗要注意干燥及良好的通风。一般喷雾消毒选择季胺盐类消毒液以消灭细菌性病原，氯及酸性制剂以消灭病毒性病原。消毒方法是以正常步行的速度，对猪舍天花板、墙壁、猪体、地板由上到下进行消毒；对猪体消毒应在猪只上方 30 cm 喷雾，待猪全身湿透欲滴水方可结束，一只猪大约需 1 L 消毒水。

2. 实习小单元式“全进全出”饲养工艺

在每间猪群（日龄相差不超过 4 天）全部转出后或下批转栏前进行严格的消毒。消毒方法为：猪舍空栏—清除粪便及垃圾—高压水枪冲洗—喷洒消毒—干燥数日—熏蒸消毒—干燥数日—进猪。

（五）引种猪消毒

从场外引猪时，需对猪体表进行消毒（消毒药可用百菌消或 0.1% 过氧乙酸）后进行隔离饲养，在隔离饲养 30 天确定没有疫情后方可入舍、合群。

（六）患期消毒

出现腹泻等传染性疾病时，对发病猪群调圈、对该圈栏清扫（冲洗）、药物消毒、火焰消毒、干燥。水泥床面和水洗后易干燥的猪舍需要用水冲洗。供选择的消毒药物有5%烧碱水溶液、双季胺盐络合碘、过氧乙酸、双季胺盐类，后三种药物应采用其产品说明书规定的浓度，火焰消毒70 s/m^{2}床面。

（七）周围环境消毒（见图4-2-7～4-2-9）

定期对猪舍及其周围环境进行消毒。消毒程序和消毒药物的使用按NY/T5033（无公害食品生猪饲养管理准则）的规定执行。

图4-2-7　周围环境消毒（1）

图4-2-8　周围环境消毒（2）

图 4-2-9　周围环境消毒（3）

（八）车辆卫生防疫制度

（1）车辆是一个重要的传染源和传播媒介，非生产区车辆只能停放在远离生产区的专用区域，不允许任何包括自已场的车辆进入生产区。

（2）猪场车辆不同于其他单位的车辆，要有特殊的管理措施，决不能接触或拉运非场内生猪或其他有影响的货物。

（3）运输饲料进入生产区的车辆要彻底消毒。

（4）运猪车辆出入生产区、隔离舍、出猪台要彻底消毒。

（5）本猪场车辆每次外出回来都应清洗消毒后方能停放在远离生产区的专用区域。

车辆轮胎消毒和车辆自动喷雾系统见图 4-2-10 和图 4-2-11。

图 4-2-10　车辆轮胎消毒

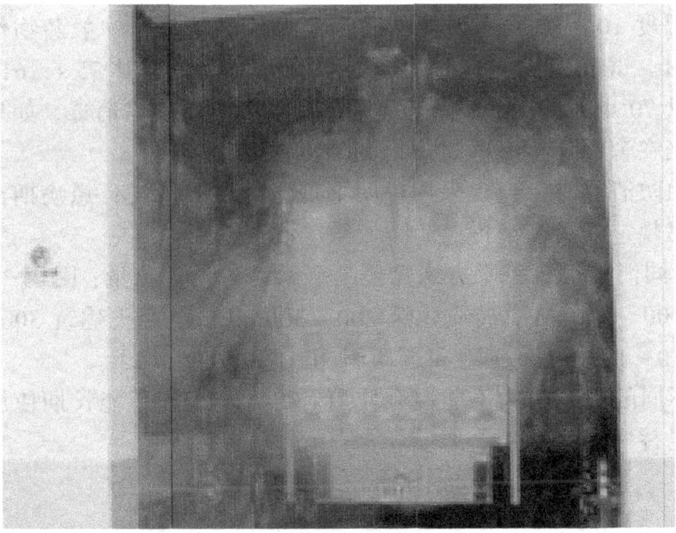

图 4-2-11 车辆全自动喷雾系统

（九）种公猪消毒

种公猪在采精前，应对其下腹部及尿囊进行清洗，用 0.1% 的高锰酸钾水溶液消毒，然后用清水清洗；准备配种的母猪用清水清洗外阴部后，用 0.1% 的高锰酸钾水溶液消毒，再用水清洗一次，才能输精。

（十）母猪消毒

母猪进入产房前，必须彻底清洗、消毒表皮。分娩前，用 0.1% 高锰酸钾清洁消毒一次，产栏必须保持清洁干燥。

三、消毒注意事项

（1）消毒制度应由专人负责监督，一般应由场长负责。

（2）圈面的有机物影响消毒效果。试验证明，清扫、高压水枪冲洗和药物消毒分别可消除 40%、30%、20%～30% 的细菌，三者相加可消除 90%～100% 的细菌。只有彻底清扫、冲洗后消毒，才能保证有较好的效果。

（3）舍内温度、消毒时间、药物浓度、喷洒量对消毒效果都有一定的影响。舍内温度 10 ~ 30 °C，温度越高，消毒效果越好。一般药物作用时间不少于半小时。试验表明，1 m^2 冲净的水泥床，火焰喷射 35 s、61 s、70 s 的灭菌率，以 70 s 效果最好。临床上，有些猪场使用火焰消毒，如果为了节省燃气，火焰在舍面停留时间过短，其消毒效果则较差。

（4）预防消毒时，建议采用说明书规定的中等浓度；患病期消毒时，应采用说明书规定的最高浓度。

（5）不同消毒对象每平方米需要喷洒稀释后消毒药量：圈栏 30 ~ 50 mL，木质建筑 100 ~ 200 mL，砖质建筑 200 ~ 300 mL，混凝土建筑 300 ~ 500 mL，黏土建筑 50 ~ 100 mL，土地和运动场 200 ~ 300 mL。

（6）不同的消毒药物不能混合使用。一种消毒药不能长期使用，需多种消毒药反复替换使用。

任务三　防疫与检疫

合理的免疫是疾病控制的重要手段，但我们不能对疫苗期望值过高。疫苗不是药，接种后必须具备条件才能产生抗体，预防疾病感染。有的猪场管理人员认为只要接种过疫苗，猪群就可进入保险箱，从而放松了对猪场其他方面的管理。通常情况下，疾病往往是由于管理而引起的。

一、免疫的注意事项

（1）要选择最适合的疫苗，而不是“洋、新、贵”的疫苗。

（2）要选择最适合本场的免疫程序，而不是随便拿个免疫程序就行了，需要根据本场各种疾病的抗体水平，进行合理的免疫。免疫接种方法分为预防和控制两类，对于大多数流行病来说，免疫接种方法的设计旨在预防尽可能多的动物受感染，从而将损失降低到“可接受”的水平。

（3）确实做好免疫监控和免疫档案的建立。

（4）免疫程序不是通用的、一成不变的。地区不同、流性病情况不同、猪场防疫环境不同、猪群健康情况不同等，免疫程序也就不同。

（5）免疫程序一旦确定，1 ~ 2 年内应相对稳定，要严格执行。

（6）过期的、不符合保管要求的疫苗坚决不用。

（7）注射时坚持皮肤消毒，避免把外面的污物、病原菌接种到动物体内。

种猪务必逐头进行皮肤消毒，切实一猪一针头；群猪上午冲水洗澡，下午干燥后打疫苗。

（8）针头规格适宜，在做紧急免疫时，做到一头猪一个针头；否则会加剧疫情扩散。针头规格见表 4-3-1 和表 4-3-2。

表 4-3-1 猪免疫注射针头规格参考表 1

猪只体重	针头长度及规格
10 kg 以下	9 cm×1.2 ~ 1.8 cm
10 ~ 30 kg	12 cm×1.8 ~ 2.5 cm
30 ~ 100 kg	14 ~ 16 cm×2.5 ~ 3.0 cm
100 kg 以上	16 cm×3.8 ~ 4.4 cm

表 4-3-2 猪免疫注射针头规格参考表 2

动物大小种类	肌肉注射针头		皮下注射针头	
	长度（mm）	号	长度（mm）	号
生产母猪	38 ~ 44	16	15 ~ 25	12 ~ 16
后备（115 kg ~ 配种前）	25	16	15 ~ 25	12 ~ 16
30 ~ 115 kg 的猪	25	12 ~ 16	15 ~ 25	12 ~ 16
5 ~ 30 kg 的猪	13 ~ 20	9 ~ 12	13	7 ~ 12
5 kg 以下的猪	13	7 ~ 9	13	7

（9）注射的角度与位置。

肌肉注射：正确的注射部位在耳后靠近较松皮肤皱褶和较紧皮肤交界处耳根基部最高点 5 ~ 7.5 cm 处（见图 4-3-1 ~ 4-3-2）。如果注射位置太靠后，将增加产品沉积于脂肪中的危险，由于脂肪的血液供应较差，则可致产品吸收缓慢，或由于脂肪“壁脱”于产品，导致免疫应答差；如果注射位置太低，则可能有将疫苗注入腮腺、唾液腺的危险（见图 4-3-3 ~ 4-3-4）。由此所导致的严重疼痛将影响猪只采食，同时，易引起免疫应答差。

（10）剂量要足够，注射要切实准确，做到 100% 免疫，不要漏注。

（11）注射疫苗时，要有专人登记并监控，使防疫工作处于完全受控状态，以确保万无一失。

（12）长时间储存疫苗的冰箱、冰柜最好要有计划地清洗消毒，避免藏毒、保毒。同时，要注意疫苗的保存温度、放置方法、真空性等。

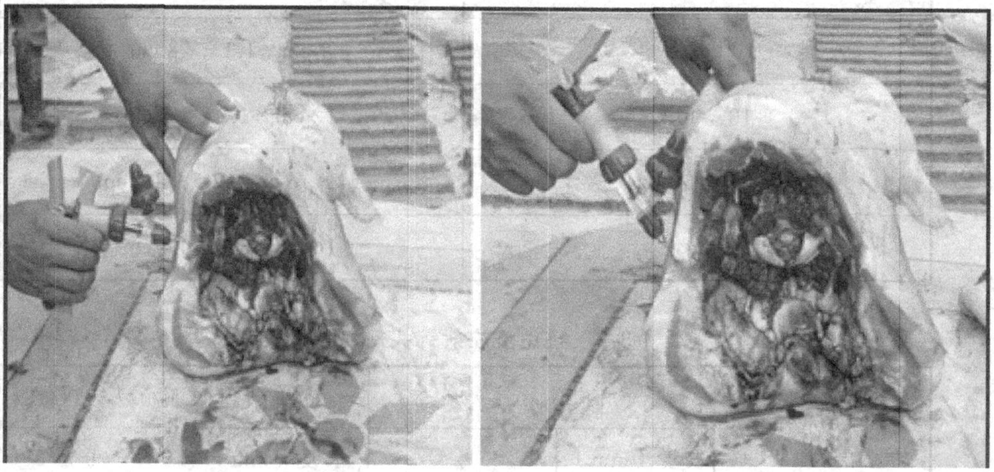

图 4-3-1 注射位置（1）

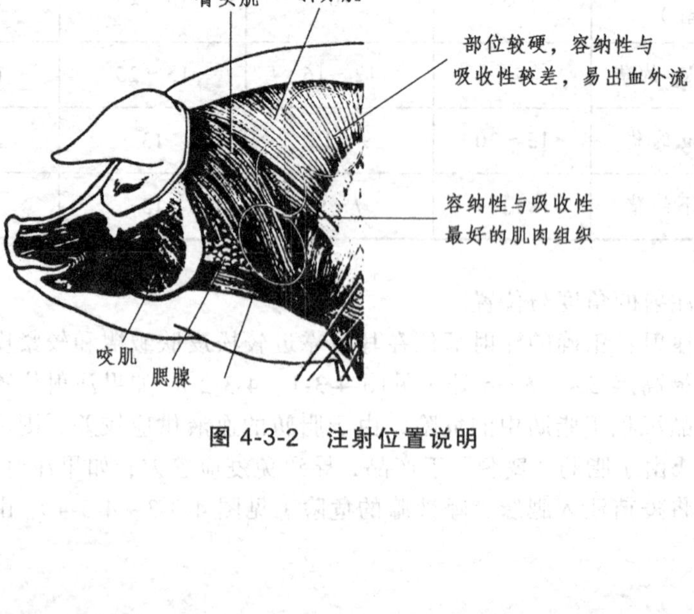

图 4-3-2 注射位置说明

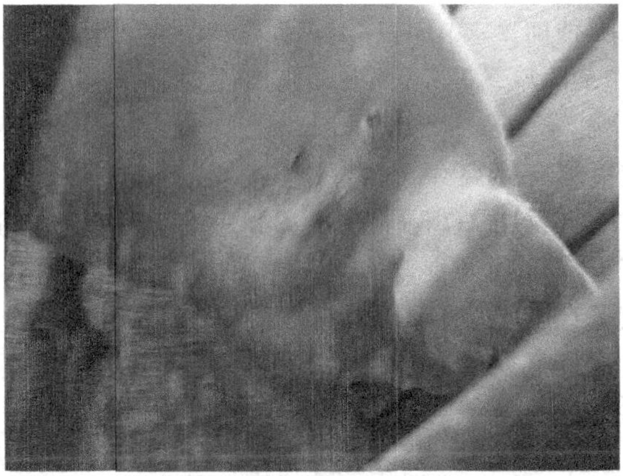

图 4-3-3　注射位置不准确

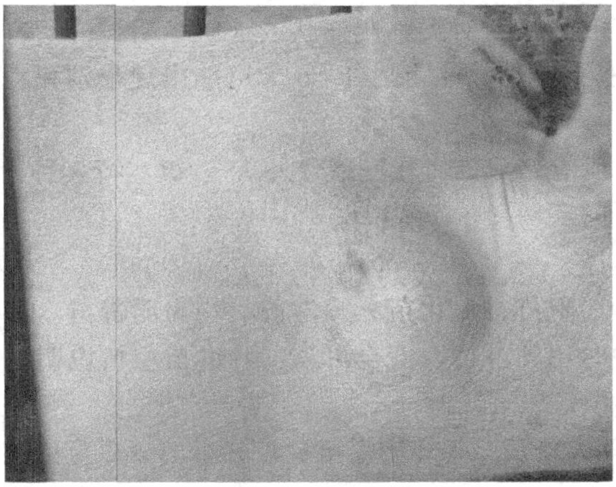

图 4-3-4　注射位置不准确

二、猪场免疫接种计划的制订

（一）猪场必做的免疫接种

1. 猪瘟（弱毒苗）（福州大北农、广东农科院、中牧、哈兽等）

（1）基本免疫程序。

种公猪：每年 2 次（4、10 月份），4～6 头份/头，肌肉注射。

成年母猪：产后 20 天或断奶第二天免疫，4～6 头份/头，肌肉注射。

后备母猪：配种前 2 ~ 3 周，4 ~ 6 头份/头，肌肉注射。

仔猪：20 ~ 25 日龄，3 头份/头，肌肉注射；60 ~ 65 日龄，4 头份/头，肌肉注射。

（2）怀疑或检测有猪瘟存在区。

参考采用（超前免疫）（不得已而为之）：仔猪刚出生就进行 2 头份/头肌肉注射，注射 1.5 ~ 2 h 后才能吃初乳。35 日龄二免 4 头份，70 日龄三免 4 头份；由于超免多在晚上进行，如果饲养员同时要进行超免操作，难免会将有些工作做不到，最好能够由专职的人员进行晚上的超免操作，并要求该操作员晚上不能睡觉。

（3）猪瘟暴发区。

在猪瘟暴发区和受威胁的地区，采取紧急接种猪瘟疫苗的措施，可有效控制猪瘟的再发生与蔓延。

在发生猪瘟的猪场：对无临床症状或症状不明显的所有猪只（除哺乳仔猪外），每头猪实行接种，注苗后 4 ~ 5 天可能出现个别死亡，但一周以后猪瘟可平息。

受威胁区的所有猪只（哺乳仔猪除外），一律实行接种，一周后猪群可得到保护。

（4）疫苗选择。

猪瘟疫苗有细胞苗、兔化苗、脾淋苗，均为弱毒苗。最好选择脾淋苗，特别是紧急接种时用脾淋苗，安全可靠。脾淋苗应按说明使用。

（5）注意事项。

① 用猪伪狂犬疫苗、蓝耳病疫苗免疫猪群时，要与猪瘟的免疫时间间隔一周。

② 兔化苗从冻干之日起 – 15° 保存（冰箱结冻层），不得超过一年，0 ~ 8 °C 保存（冰箱冷藏层），不得超过半年。如果在 – 15 °C 保存一段时间后，移入 0 ~ 8 °C 保存，有效期应按 – 15 °C 保存后所余的保存期减半计算。

③ 兔化苗稀释后，气温在 15 °C 时 4 小时内用完，气温在 15 ~ 27 ° C 时 2 小时内用完，稀释后未用完的疫苗应放弃。

④ 做超免时要保证疫苗是常温，且疫苗器具均不被污染，猪只不漏打，否则会适得其反。

⑤ 免疫注射 4 ~ 6 天产生免疫力。

⑥ 在接种猪瘟弱毒苗的同时，若同时接种其他疫苗（如猪丹毒，肺疫等），应另外选择注射点并更换注射器。

⑦ 紧急接种时，按先健康、后轻症、再重症的顺序，防止交叉感染，每

头猪一个针头。

（6）猪瘟免疫失败的主要原因。

① 环境严重污染（猪瘟野毒强烈污染）。

② 猪瘟病毒变异毒株的出现。

③ 不科学的免疫（如未开展免疫监测所造成的“超前免疫”或“滞后免疫”以及免疫方法不当）。

2. 伪狂犬病（勃林格、英特威、福州大北农、梅里亚、华中农大等）

（1）基础免疫。

种公、母猪首次免疫时须间隔 3～4 周重复注射一次，1 头份/头，以后就按 1 次/4 个月，3 次/年，1 头份/头。

种公猪：一年三次，1、5、9 月中旬肌注 4 mL/头或 1 头份。

经产母猪：1、5、9 月中旬肌注 4 mL/头或 1 头份。

后备母猪：配种前 1 个月肌注 4 mL/头或 1 头份。间隔 15 天后重复注射一次

（2）紧急免疫（发病猪场）。

全场种猪及哺乳仔猪紧急接种疫苗：种猪接种 4 mL/头或 1 头份，以后妊娠母猪在分娩前 3～4 周接种 5 mL/头或 1 头份。哺乳仔猪用基因缺失苗滴鼻一头份（进口疫苗效果较理想）。

（3）注意事项。

① 灭活苗 2～8 °C 保存，弱毒苗 –15 °C 保存。

② 与猪瘟免疫注射时间间隔一周。

③ 使用前充分摇匀。

3. 猪乙型脑炎（猪乙型脑炎弱毒苗）（上海奉贤、哈兽、华中农大、中牧等）

（1）基础免疫。

每年流行季节到来前，即蚊虫出现前 20～30 天，后备公猪（5 月龄以上的种猪）免疫 2 次，每次间隔 15～20 天，肌肉注射弱毒苗 1.5 头份；经产母猪和成年公猪每年接种一次。为了进一步增强免疫效果，经产母猪间隔 2～3 周做两次免疫，效果会更佳。

（2）注意事项。

① 本疫苗免疫对象为 6 月龄以上的种猪。

② 怀孕母猪免疫无不良反应。

③ 零度以下保存，有效期为一年。

4. 细小病毒（灭活苗）（上海奉贤、哈兽、华中农大、中牧等）

（1）基础免疫

后备母猪和公猪在配种前 25 ~ 30 天，用细小病毒灭活苗肌肉注射 2 mL/头，间隔 15 天后重复注射一次，2 mL/头。

（2）注意事项。

① 本疫苗在 2 ~ 8 °C 保存，切勿冻结。

② 本疫苗应安排在母猪空怀期使用。

③ 本疫苗要充分摇匀后使用。

5. 口蹄疫（猪 O 型口蹄疫灭活苗） （兰州、中牧）

（1）基础免疫。

仔猪：55 日龄首免，1.5 ~ 2 mL/头，肌肉注射。

中猪：70 ~ 75 日龄二免，3 mL/头，肌肉注射。

大猪包括后备种猪：130 日龄，3 mL/头，肌肉注射。

种公猪：每年秋、冬、春季隔 3 ~ 4 个月注射一次，4 mL/头。

经产母猪：同种公猪或分娩前 45 天，3 mL/头，肌肉注射。

（2）紧急免疫。

受威胁的或正在发病的猪场，除哺乳仔猪和重胎母猪外，都应接种口蹄疫浓缩苗（一定要是标示有进口佐剂或 206 佐剂字样的疫苗）。

（3）注意事项。

① 疫苗在 4 ~ 8 °C 保存期为一年。

② 使用时应充分摇匀。

③ 接种后 15 天产生免疫力，免疫期半年。

④ 该疫苗的保护率约为 70%，间隔 4 个月后下降为 60% 以下。

⑤ 使用该疫苗会有 10% ~ 20% 的猪有发热反应，一般会自愈。

⑥ 发病场消毒可采用美国辉瑞公司生产的百菌消-30，夏季消毒可用比利时瑞捷公司生产的 CID-20。

6. 蓝耳病（勃林格、哈兽）

根据我国目前的养猪现状，接种疫苗是最佳选择。国外 PRRS 灭活苗和弱毒苗已商品化。国内生产的 PRRS 灭活苗保护率达 85%以上，而 PRRS 弱毒疫苗的各项指标均达到国外同类产品的水平，即 3 ~ 18 周龄猪和后备母猪接种 7 天可产生保护免疫，免疫期可达 16 周，对保育猪和哺乳猪有明显的保护作用，在 PRRS 暴发的猪场可紧急接种，效果显著。

（1）非疫区和蓝耳病阴性场的疫苗免疫程序。

全场母猪、公猪用 PRRS 灭活苗进行基础免疫，即 4 mL/头·次，肌肉注射，间隔 3 周再重注一次；以后每隔 5 个月免疫一次，4 mL/头。

对哺乳仔猪、保育猪和育肥猪不进行疫苗免疫。

（2）受蓝耳病威胁地区和猪场的疫苗免疫程序。

受蓝耳病威胁地区和猪场或存在蓝耳病病毒侵袭的猪场，应立即采取全群疫苗免疫策略。

全场母猪、公猪用 PRRS 弱毒苗进行免疫，即 1.5 头份，肌肉注射，间隔 3 周再重注一次；以后每隔 5 个月免疫一次。

3～18 周龄猪用 PRRS 弱毒苗进行免疫注射一次，免疫程序为对 3～10 周龄阶段猪接种，肌肉注射 1 头份；10～18 周龄阶段猪接种，肌肉注射 1 头份。

（二）猪场选择性做的免疫接种

1. 大肠杆菌病（黄痢、白痢）（哈尔滨、广东、上海农科院等）

（1）基础免疫。

怀孕母猪（特别是头胎母猪一定要做）分别在产前 40 天和 15 天用大肠杆菌 K88、K99、987P 三价灭活苗，或大肠杆菌 K88、K99 双价基因工程灭活苗耳根皮下各注射一次，1 mL/头。

（2）注意事项。

① 免疫前后各 3 天不得使用抗菌素及含有药物的预混料。

② 疫苗在 0～5 °C 保存期 1 年，稀释后 6 h 内用完。

2. 猪传染性胃肠炎和流行性腹泻（哈尔滨、中牧等）

（1）基础免疫。

猪传染性胃肠炎和流行性腹泻二联苗在妊娠母猪分娩前 20～30 天，在交巢穴（即尾根与肛门间的凹陷部）注射 4 mL 猪传染性胃肠炎和猪流行性腹泻灭活二联苗，必要时一周后可重复注射一次。这样既可主动免疫保护母猪，又可通过初乳被动免疫保护乳猪，公猪每年免疫一次。

或使用猪流行性腹泻氢氧化铝灭活苗：后备猪配种前 1 个月肌注 4 mL/头，15 天后同样剂量再免；公猪每年 9、10 月肌注 5 mL/头；母猪产前 35 天肌注 4 mL/头。

（2）注意事项。

① 本疫苗使用时应充分摇匀。

② 2～8 °C 保存，均匀冻结，有效期不超过一年。

③ 接种疫苗后 15 天产生免疫力，免疫期为 6 个月至 1 年。

④ 注射途径为交巢穴。

3. 猪链球菌病（弱毒苗）（华中农大、广东、中牧等）

（1）基础免疫。

本苗是链球菌弱毒的培养物，适用于健康的断奶后 40～50 日龄的仔猪和成年猪，使用时按瓶签规定头份数，以生理盐水稀释。每头猪肌肉或皮下注射 2 mL，或每头拌料口服 4 头份（4 mL）。

在有链球菌病发生的猪场，仔猪 10 日龄首免，60 日龄二免，在颈部注射弱毒苗 1 头份/头：种猪每次断奶后接种 1 头份/头。

（2）注意事项。

① 2～8 °C 保存有效期 1 年，开瓶后 4 小时内用完，免疫期 6 个月。

② 注射前 2 天、注射后 7 天不得使用抗菌药和磺胺药，或含有抗菌药的预混料。

③ 体质瘦弱或已患病的猪不宜使用本疫苗。

④ 本苗使用前应先做小量区域试验，如无异常时可大面积使用。

⑤ 特别提示：许多猪场发现使用疫苗后尚有本病流行的现象，这与断脐时没有用结扎线结扎，断尾、剪齿没有严格消毒有密切的关系。另外，有条件的猪场可考虑做自家苗。

4. 传染性萎缩性鼻炎（AR）（种猪场一定要做预防）

该病的最有效的疫苗是荷兰英特威灭活苗、哈尔滨兽医研究所灭活苗。

① 后备母猪产前 8 周和 2 周各接种一头份。

② 经产母猪产前 2 周接种一头份。

③ 公猪每年接种 2 次，每次一头份。

④ 注射针头用 16 号 38～44 mm 长规格，一头猪一个针头。

5. 猪喘气病（辉瑞、英特威、中牧等）

（1）基础免疫。

猪喘气病灭活苗（美国）：1～7 日龄首免，3 周以后加强免疫一次，每次肌肉注射 2 mL。

（2）注意事项。

① 接种后 15 天产生免疫力，免疫期半年。

② 4 ~ 8 °C 保存期一年，切勿冻结，摇匀使用。

6. 猪肺疫（福建、中牧等）

（1）基础免疫。

种猪应每隔 6 个月预防注射 1 次，一般在春、秋两季定期免疫注射、重胎母猪和哺乳母猪，病弱猪暂不注射；仔猪在 45 ~ 60 日龄进行第 1 次预防注射，在常发病猪场，可于 80 ~ 90 日龄注射 1 次。

（2）疫苗种类及使用方法。

疫苗有口服苗和注射苗两种，要严格区分。

猪肺疫口服弱毒苗：按瓶签说明的头份数，用冷开水稀释，依所喂的头份加入新鲜饲料中充分拌匀后，让猪采食，喂饲后 7 天产生较强的免疫力，免疫期为 6 个月。本苗只能口服，稀释后 6 小时内用完，过期无效。

猪肺疫 EO-630 弱毒菌：按瓶签说明的头份数，用 20% 的铝胶生理盐水稀释为每头份 1 mL，摇匀溶解后对断乳后半个月以上的猪，一律肌肉注射 1 mL，接种后 7 天产生免疫力，免疫期为 6 个月。注射本疫苗后，可能有少数猪出现减食或体温升高等反应。一般 1 ~ 2 天内即可恢复，严重者可采取治疗措施。

（3）注意事项。

一般于接种前 3 天和接种后 7 天内，应避免使用抗菌药。

7. 衣原体

使用猪衣原体油乳剂灭活苗（武汉或兰州等）按以下方法用苗：

（1）基础免疫。

① 后备母猪：配种前 30 天、15 天，肌注 3 mL。

② 种公猪：春秋两次免疫，每次间隔 15 天再用一回，肌注 3 mL。

③ 经产母猪：配种前 15 天、产前 30 天，肌注 3 mL。

④ 断奶仔猪：30、45 日龄，肌注 3 mL。

（2）注意事项。

① 鹦鹉热衣原体可造成人严重感染，病猪场工作人员应采取必要的安全措施。

② 此病现在在四川许多猪场发生，建议考虑使用该疫苗。

③ 药物防治以四环素为首选药，也可用土霉素、红霉素等。

某南方和北方猪场的免疫程序见表 4-3-3 和表 4-3-4。

表 4-3-3 某南方猪场的免疫程序

群别	日龄	免疫品种	剂量	使用方法
后备种母猪、种公猪	100	口蹄疫	3 mL	耳后根肌肉注射
	150	乙脑	2 mL	配专用稀释液耳后根肌肉注射
	160	口蹄疫	2 mL	耳后根肌肉注射
	170	伪狂犬	2 头份	耳后根肌肉注射
		猪瘟	4 头份	配专用稀释液耳后根肌肉注射
	180	乙脑	2 mL	配专用稀释液耳后根肌肉注射
		细小病毒	2 mL	耳后根肌肉注射
	每年 3～4 月份（180 日龄以上）	乙脑苗加强免疫	2mL	配专用稀释液耳根肌肉注射（若 180 日龄接种离本次接种时间不超过 2 个月，则本次不需加强免疫），接种两个星期以后才能配种
经产母猪	妊娠 85 天	大肠杆菌	1 头份	配生理盐水稀释液，耳后根肌注
		伪狂犬	2 头份	耳后根肌注
	妊娠 93 天	口蹄疫	3 mL	耳后根肌注
	妊娠 100 天	腹泻二联	3 mL	耳后根肌注
	产后 23 天	猪瘟	4 头份	配生理盐水稀释液，耳后根肌注
		链球菌	4 头份	配生理盐水稀释液，耳后根肌注
仔猪	23 日龄	猪瘟	2 头份	配生理盐水稀释液，耳后根肌注
		链球菌	2 头份	配生理盐水稀释液，耳后根肌注
	40 日龄	口蹄疫	1 mL	耳后根肌注
	60 日龄	口蹄疫	2 mL	耳后根肌注
	70 日龄	猪瘟	3 头份	配生理盐水稀释液，耳后根肌注
		肺疫 A	3 头份	配铝胶水水稀释液，耳后根肌注
种公猪	每年 3、9 月份 每半年	猪瘟（4 头份）、肺疫 A（4 头份）、伪狂犬疫苗（2 头份）		
	每年 2、7、11 月份	口蹄疫苗（3 mL）		
	每年 3、9 月份	乙脑（2 mL）		
种母猪	每年 3、9 月份	猪肺疫 A（4 头份）		

注：各场应在每个季度内对空怀或超期未配的母猪集中进行一次口蹄疫苗（3 mL）和猪瘟苗（4 头份）的注射。为提高免疫效果，注射疫苗时需配合使用新必妥（转移因子）。

表 4-3-4 某北方猪场的免疫程序

群别	日龄	免疫品种	剂量	使用方法
后备种母猪、种公猪	100	口蹄疫	3 mL	耳后根肌肉注射
	160	口蹄疫	2 mL	耳后根肌肉注射
	170	伪狂犬	2 头份	耳后根肌肉注射
		猪瘟猪丹毒猪肺疫	4 头份	配专用稀释液耳后根肌肉注射
	180	乙脑	2 mL	配专用稀释液耳后根肌肉注射
		细小病毒	2 mL	耳后根肌肉注射
	每年 3～4 月份（180 日龄以上）	乙脑苗加强免疫	2 mL	配专用稀释液耳根肌肉注射（若 180 日龄接种离本次接种时间不超过 2 个月，则本次不需加强免疫），接种两个星期以后才能配种
经产母猪	妊娠 85 天	大肠杆菌	1 头份	配生理盐水稀释液，耳后根肌注
		伪狂犬	2 头份	耳后根肌注
	妊娠 93 天	口蹄疫	3 mL	耳后根肌注
	妊娠 100 天	腹泻二联	3 mL	耳后根肌注
	产后 23 天	猪瘟猪丹毒猪肺疫	4 头份	配生理盐水稀释液，耳后根肌注
仔猪	23 日龄	猪瘟猪丹毒猪肺疫	2 头份	配生理盐水稀释液，耳后根肌注
	40 日龄	口蹄疫	1 mL	耳后根肌注
		副伤寒	1 头份	耳后根肌注
	60 日龄	口蹄疫	2 mL	耳后根肌注
	70 日龄	猪瘟猪丹毒猪肺疫	3 头份	配生理盐水稀释液，耳后根肌注
种公猪	每年 3、9 月份每半年	猪瘟（4 头份）、猪丹毒（4 头份）、肺疫 A（4 头份）、伪狂犬疫苗（2 头份）		
	每年 2、7、11 月份	口蹄疫苗（3 mL）		
	每年 3～4 月份	乙脑（2 mL）		

注：各场应在每个季度内对空怀或超期未配的母猪集中进行一次口蹄疫苗（3 mL）和猪瘟猪丹毒猪肺疫（4 头份）的注射。为提高免疫效果，注射疫苗时需配合使用新必妥（转移因子）。

三、检　疫

（一）猪场血清抗体检测技术在猪场中的应用

（1）评估猪瘟、猪伪狂犬病、蓝耳病等病母源抗体的消长状况和以决定首免时机。

由于各猪场的断奶时间、饲养模式、所用疫苗、免疫剂量、母源抗体不同，盲目地照抄照搬该免疫程序，极易造成免疫失败而导致猪瘟、伪狂犬等病的发生。国内仔猪不成功的免疫计划时有发生，母源抗体干扰是至关重要的。所以，在使用疫苗尤其是活苗的时候，一定要考虑母源抗体的影响，最可靠和可行的方法就是通过血清学检测方法来测定母源抗体的消长，确定免疫接种的最佳时机。

（2）了解猪场各猪群的猪瘟、猪伪狂犬病和蓝耳病免疫抗体状况，评估免疫效果。尽管各猪场都进行猪瘟和伪狂犬病的免疫，但免疫效果受猪体状态、疫苗质量和操作等方面的影响，所以应该定期按比例抽取猪的血液进行抗体检测，以了解猪群免疫水平高低和抗体水平的整齐度，了解疫苗免疫效果如何（抗体水平、均匀度、持续时间）。现在很多猪场面临的情况是，自己也免疫了，究竟有没有效心里不清楚。甚至有的猪场认为：免疫后不发病就是有效，发病就是无效。如果这样，等发病后损失就大了。

（3）了解猪群中猪伪狂犬病野毒感染状况，逐步剔出阳性猪只，使猪群得到净化。通过试剂盒，检测缺失部分产生的抗体，从而判定是否为野毒感染。

（4）了解不同疫苗对猪群的保护率可以达到多少。

（二）实施免疫监测时间上的选择

（1）种猪群每年应进行 3～4 次定期检疫，以在周围有疫病流行而受到威胁时采取相应的有效措施来防制疫病的流行。

（2）免疫程序制定时，应在疫苗接种前一周进行抗体检测，然后依据抗体水平的高低来确定是否执行原定的免疫计划。

（3）疫苗接种后应定期跟踪测定，当抗体水平快要下降到不足以对猪只产生保护力时再进行疫苗的二次接种。当掌握了抗体水平升降的规律后就可以制定出科学、合理的免疫程序。

（三）实施免疫监测群体、数量上的选择

（1）公猪群：建议公猪采样为100%。

（2）后备母猪群：采样应在20%以上，同时为减少其由于随机性误差应保证20头母猪以上的样本。

（3）经产母猪：对各胎次采集30～60个样本。如60样本：每胎次群10个样本。

（4）哺乳仔猪：断奶前对每胎次5窝、每窝1头仔猪采样，共采样30～60个样本。

（5）保育猪：从8～10周龄的保育猪中（每圈1头）随机采集10～20个样品。

（6）肥育猪：从5～6月龄的肥育猪中（每圈1头）随机采集10～20个样品。

任务四 驱 虫

猪寄生虫病是一个世界性的问题，分为体内和体外寄居两种。猪容易感染的寄生虫病约有65种，它不仅在中小猪场存在，即使在管理良好、设备先进的大型规模猪场也存在（主要包括蛔虫病、猪鞭虫病、猪弓形虫病、猪球虫病、猪疥螨病、猪虱等）。但是因为在大多数猪场或猪群中没有造成大量的猪只死亡，所以容易忽视对它所造成的不明显损失，这种间接损失可能会抵销很大一部分经济效益。人们常说："传染病会吃掉老本，寄生虫病会吃掉利润。"寄生虫对猪群造成的影响不但有经济上的损失，而且会继发细菌感染，降低猪只抵抗力，增加猪只死亡率，所以一定要制定并实施驱虫计划。

一、寄生虫的危害

（1）饲料利用率降低，肉料比降低0.36，生长速度下降10%。

（2）蛔虫、鞭虫等体内寄生虫的移行造成内脏的损伤、外贸出口率下降。

（3）机体免疫系统的损害、抵抗力下降。

（4）寄生虫可以传播病毒病、细菌病和原虫病。它们传播的方式是先造

成猪只的体外伤（疥螨导致猪皮肤病，使猪只蹭痒引发体外伤）和体内伤（蛔虫等寄生虫用口器吸血后留下的伤口），从而导致病毒、病菌和原虫病的大量传播。

二、规模化猪场寄生虫病的特点

1. 寄生虫病的发生已经没有明显的季节性

在传统的养猪模式下，寄生虫病往往在夏秋季多发。而在规模化猪场，猪群密度大，猪舍温度相对稳定，有利于寄生虫的繁殖传播，寄生虫病的发生季节性不明显。所以，防控措施不能只在春、秋两季进行，应该根据猪群的感染程度而定。

2. 寄生虫种群结构发生变化

在非规模化饲养的猪场，在中间宿主体内发育的寄生虫病较多，如肺线虫、姜片吸虫、猪囊虫、棘头虫等。在规模化猪场，中间宿主被控制，不需要中间宿主的寄生虫病增多，如猪蛔虫、鞭虫、弓形虫、球虫、疥螨等危害严重。

3. 多种寄生虫同时感染、交叉感染、重复感染现象明显

由于环境适宜、猪群密度大，寄生虫繁殖传播迅速，在病猪排出少量虫卵的情况下，易造成全猪群感染。在猪群抵抗力较差时，寄生虫会交叉感染和重复感染。在与某种传染病并发或继发时，危害更大。

4. 临床症状不明显，经济损失大

寄生虫病一般是慢性、营养消耗性过程，在严重感染时才表现出临床症状和死亡率。如果重视程度不够，往往在“不知不觉”中造成巨大的经济损失。

三、驱虫程序

1. 寄生虫感染严重的猪场

（1）对全场所有的猪进行一次驱虫（肌注或口服），间隔一周再驱虫一次（因为一般的药物匀不能杀死虫卵，要等卵变成为虫后方能杀死，故要进行重复用药。

（2）母猪在分娩前 1～2 周使用伊维菌素等广谱驱虫药进行一次驱虫、

避免把蠕虫、疥螨等寄生虫传给仔猪。

（3）以后按正常的驱虫程序驱虫。

2. 寄生虫感染较轻微的猪场（4+1 驱虫模式）

该模式的驱虫原则是以种猪为驱虫重点，切断寄生虫在场内传播的源头并阻断场外寄生虫的导入。实际操作中所谓的“4”是指猪场中的种猪一年 4 次驱虫，即空怀母猪、妊娠母猪、哺乳母猪、种公猪每隔 3 个月驱虫 1 次，即一年驱虫 4 次。“1”则是指新生仔猪在保育舍或进入生长舍时驱虫 1 次，以及引进种猪并群前驱虫 1 次。

4 + 1 驱虫模式的优点：

（1）驱虫彻底，全面净化了由寄生虫造成的猪体感染和猪场污染。

（2）驱虫时间集中，生产上可操作性强。

（3）操作简单，一年只需 4 次。

（4）降低劳动成本。

（5）彻底净化了母猪，减少了母子间的传播。

（6）生产性能大幅度提高，经济效益好。

（7）投药成本低，以商品猪计算，每头猪低于 1.5 元（含所分摊的种猪驱虫成本）。

3. 寄生虫感染较轻微的猪场（阶段性驱虫模式）

阶段性驱虫模式指在猪的某个特定阶段进行定期用药驱虫。现实中较常用的用药方案是：妊娠母猪产前 15 天左右驱虫 1 次；保育仔猪阶段驱虫 1 次；后备种猪转入种猪舍前 15 天左右驱虫 1 次；种公猪一年驱虫 2 ~ 3 次。

4. 引进猪

新购猪在进场后首先进行体内外驱虫一次。

5. 驱治球虫病

3 ~ 4 日龄仔猪，每头灌服“百球清”1 ~ 1.5 mL。

6. 体内外寄生虫两段驱虫法

母猪分娩前 28 d 驱虫一次；小猪进入育肥舍前 14 d 驱虫一次。

四、用药驱虫的注意事项

（1）体表喷雾驱虫前应冲洗干净猪只，待体表干燥后才能进行喷雾，喷雾时要均匀、全面、力求使猪体表全身各个部位（特别是下腹部、肷部等较隐蔽的部分）均能接触到药物。体表喷雾治疗后，应隔 12 h 后才能进行猪群体表消毒工作。

（2）许多驱虫药都具有毒性，对怀孕母猪、仔猪在使用驱虫药时要选择安全性较高的驱虫药，尽量不用左旋咪唑等产品以防止中毒。中毒后可用肾上腺素、阿托品解救，屠宰前三周内不得使用药物。驱虫药使用或保存不当都会危害到人畜安全。

（3）为保证驱虫的效果，驱虫后应及时清理粪便，堆积发酵或深埋，利用产生的生物热杀死虫卵和幼虫；地面、墙壁、饲料槽应使用 5%的石灰水消毒，防止排出的虫体和虫卵又被猪只吃了进而再次感染，或试用火焰喷射，阿维菌素、除虫菊酯、有机磷、昆虫几丁质合成抑制素等溶液对环境和用具的喷洒，以杀灭环境中的寄生虫或寄生虫虫卵孵化出来的幼虫等。

（4）目前，寄生虫疾病的防治手段仍是以化学药物驱杀为主。国内猪场驱虫多选用的药物有敌百虫、左旋咪唑、丙硫苯咪唑、阿维菌素、伊维菌素、莫西菌素、多拉菌素等。在选择驱虫药时，既要根据畜禽种类、年龄、感染寄生虫的种属、寄生的部位等情况选择驱虫范围广、疗效高、毒性低的广谱驱虫药，又要考虑经济价值。

（5）寄生虫虫卵的孵化一般需要 5～7 天时间，采用的饲料中添加药物一定要保证连续使用 7 天，使药物在猪只体内存在较长时间，以增加对虫卵孵化出的幼虫的杀灭效果。

五、减少寄生虫病的综合防制措施

影响寄生虫病传播的因素有很多：猪舍的温度、湿度、饲养密度、卫生状况；猪场环境卫生条件及猫鼠的密度；猪群的隔离和转群管理前期的发病状况等。猪场控制寄生虫病的防控要有全面建立猪场生物安全措施的概念，尽可能地减少寄生虫病发生的机会。

1. 保持高度的防疫观念

做好猪场的封闭管理，严禁饲养猫、狗等宠物，定期做好灭鼠、灭蝇、灭蟑、灭虫等工作，严防外源寄生虫的传入。

2. 坚持做好本场寄生虫的监测工作

定期进行粪便检查，监测不同时期、不同季节猪群寄生虫的感染情况，及时掌握寄生虫病的流行情况，制定本场消除或控制寄生虫病的具体方案，及早做好防制工作。

3. 正确的诊断

诊断的方法有流行病学调查、临床检查、实验室诊断、寄生虫病学剖检、免疫学诊断和药物诊断等。其中，实验室诊断是一种准确易行的方法，如抽查猪的粪便，以饱和盐水漂浮法、水洗沉淀法或涂片法，在显微镜下检查寄生虫的病原体（虫体、虫卵、卵囊、幼虫、包囊等）；剖检也是生产中常用的方法：挑选一些消瘦、生长迟缓的猪进行剖检，既要检查各器官的病理变化，又要确定寄生虫的种类和数量。有条件时，进行综合诊断。

4. 坚持自繁自养的原则

确实需引进种猪时，应远离生产区隔离饲养，进行粪便及其他方面的检查，并使用高效广谱驱虫药进行驱虫。隔离期满后再经检查，确认无寄生虫后方可转入生产区。

5. 搞好猪群及猪舍内外环境的清洁卫生和消毒工作

加强防疫卫生工作，制定科学的防疫制度，认真做好卫生消毒工作，对所有的饲养用具、车辆、栏舍、场地、走道等应用紫外线和消毒剂定期消毒。猪群转栏、母猪产前都要认真进行全身性的清洗消毒，以减少、切断寄生虫的感染机会；粪便、污染物等应堆积发酵或作沼气原料等，进行无害化处理。可采用菊酯类药物喷洒地面和猪接触的墙壁，清除猪舍内的感染性虫卵，使猪群生活在清洁干燥的环境中，保持饲料新鲜、饮水洁净，消灭中间宿主，减少寄生虫繁殖的机会，怀孕后期的母猪应经过认真刷洗消毒后才能转进分娩舍，切断寄生虫的纵向传播，并从传染源方面减少感染的机会。为保证驱虫的效果，应将驱虫后的粪便清扫干净堆积起来进行发酵，利用产生的生物热杀死虫卵和幼虫。

6. 采用“全进全出”、早期隔离断奶等饲养方式

可有效地切断寄生虫的传播途径，对控制寄生虫病起到重要作用。

7. 搞好精细化养猪，提高猪群抵抗力

做好猪群各阶段的饲养管理工作，提供猪群不同时期各个阶段的营养需要量，保持猪群合理、均衡的营养水平，提高猪群机体的抵抗力。

8. 药物的选择

原则上是要选用广谱、高效、低毒、廉价的驱虫药。常用的驱虫药有左旋咪唑、丙硫咪唑、阿维菌素、伊维菌素、抗球虫药等。

9. 减少抗药性和药物残留

对一个猪群驱虫次数过多、单一用药、用量过小或用药时间过长，容易让某些寄生虫产生抗药性，所以对猪群要定期检测、准确诊断、合理用药。寄生虫单一时，选择特效药物；交叉感染时用广谱药，必要时应有计划地换药。

任务五 保 健

猪群保健是控制猪病的有效措施之一，保健的目的在于调理处在亚临床亚健康的猪群，使其恢复到健康状态。通过加强猪自身的免疫力和抗病力，达到预防疾病的目的。猪场必须重视猪群的系统保健，除保证饲料原料质量，加强饲养管理、保证干净的饮水，保证乳猪吃足初乳外，还应在此基础上再添加药物（西药、中药）进行保健。

一、常用抗生素的种类

（1）青霉素类：青霉素、普鲁卡因青霉素、苄星青霉素、氨苄青霉素（氨苄西林）、羟氨苄青霉素（阿莫西林）。

（2）B-内酰胺类抗生素。

（3）氨基糖肽类：庆大霉素、链霉素、丁胺卡那霉素（阿米卡星）、新霉素、安普霉素、大观霉素。

（4）氯霉素类：氯霉素（已禁用）、甲砜霉素、氟甲砜霉素（5%或10%氟苯尼考）。

（5）四环素类：土霉素、强力霉素、四环素、金霉素。

（6）大环内酯类：红霉素、罗红霉素（严迪）、泰乐菌素、北里霉素。

（7）林可胺类：林可霉素（洁霉素）、氯林可霉素。

（8）多肽类：多粘菌素、杆菌肽。

（9）泰妙菌素类：泰妙菌素。

（10）喹诺酮类抗生素：诺氟沙星、恩诺沙星、环丙沙星。

（11）硝基呋喃类：呋喃唑酮、呋喃西林、呋喃坦丁。

（12）抗菌用中草药：黄连素、大蒜素、板蓝根、穿心莲、金银花、黄芩、连翘、鱼腥草。

二、药物的正确使用原则

（1）应正确诊断疾病、因病施治。

（2）药物使用最好以药敏试验为准。

（3）熟练掌握抗菌药物的特点、抗菌谱、主治疾病、使用剂量范围、最佳使用途径和疗程。做到正确应用、用足用够剂量和疗程，不要超剂量和超疗程。

（4）抗生素应用：应先窄谱，后广谱；先单一，后联合；预防用药和治疗用药相结合，以预防用药为主。

（5）熟悉并掌握药物的配伍禁忌。

三、猪群保健手段和方法

1. 初乳是最好的保健品

奶水是最好的营养品，在猪群的保健中起着重要的作用。初乳中含有大量母源抗体（IgG），这些母源抗体直接进入乳猪的血液中，能对出生仔猪起到保护作用，因此要千方百计让乳猪吃足初乳，以获得足够的母源抗体，确保猪群的健康生长。

2. 营养性保健

对处于亚临床或亚健康的猪群添加一些快速补充营养的碳水化合物（如水溶性的葡萄糖等）、水溶性脂肪（如乳化的脂肪粉）、优质的蛋白源（如优质的鱼粉和大豆分离蛋白等）、水溶性复合氨基酸、水溶性电解质多维等保证猪群的健康生长。

3. 药物保健分为西药保健和中药保健

（1）常规保健：预防消化道和呼吸道疾病的调理保健。

（2）应激保健：气候骤变、转群、免疫前后的抗应激保健。

（3）关键阶段保健：产前产后、断奶前后、疫情威胁期间的强化保健。

四、猪场保健方案

（一）A 规模化猪场的保健方法

（1）配种时使用抗生素：从断奶至配种期间饲喂高水平的抗生素，如 15% 金霉素 0.7 ~ 1 kg/吨饲料或金西林 1 ~ 1.25 kg/吨饲料，可提高受胎率、产仔率和每窝产仔数。

（2）妊娠后期和泌乳期母猪饲料中，添加抗菌药能改善母猪的繁殖性能，可防止乳仔猪呼吸道和消化道的疾病，防止母猪无乳综合症和各种产道疾病。

（3）母猪分娩前后一周，在每吨料中添加强力霉素 0.3 kg 或磺胺二甲 0.3 ~ 0.5 kg/吨料加 TMP 0.06 ~ 0.1 kg/吨料或除病杀（拜耳）1 kg 等。

（4）针对目前呼吸道疾病较多的猪场，在母猪分娩前一周至整个哺乳期添加以上药物有很好的预防效果。

（5）保育小猪的预防（主要预防和控制呼吸道综合症及由此继发感染的其他疾病）可在饲料中添加 15% 金霉素 1 ~ 3 kg/吨料或 15% 金霉素 1.5 kg+阿莫西林；0.2 kg/吨料或 5% 普乐健；1.0 kg/吨料+磺胺二甲基嘧啶；0.3 kg/吨料+TMP 0.06 kg/吨料。

（6）生长肥育猪每月定期使用预防呼吸道疾病的抗菌药：推荐在每月 1 ~ 7 日，全场仔猪、生长肥育猪添加金西林或泰乐菌素或除病杀或林可霉素（具体添加量按各自产品说明书使用），连续添加 7 天。交替用药计划如下：

每年：1、4、7 月份使用金西林或强力霉素；

2、6、10 月份使用泰乐菌素或阿莫西林；

3、8、12 月份使用金霉素；

5、9、11 月份使用除病杀或利高霉素。

以上任选一种，连用 7 天。

（二）B 规模化猪场的保健方法

1. 初生仔猪（0 ~ 6 日龄）

（1）目的：预防母源性感染（如脐带、产道、哺乳等感染），主要针对大肠杆菌、链球菌等。

（2）推荐药物：

① 强力霉素、阿莫西林：每吨母猪料各加 200 g 连喂 7 天。

② 新强霉素饮水，每千克水添加 2 g；或母猪拌料一周。

③ 长效土霉素母猪产前肌注 5 mL。

④ 仔猪吃初乳前口服庆大霉素、氟哌酸 1～2 mL 或土霉素半片。

⑤ 微生态制剂（益生素），如赐美健、促菌生、乳酶生等。

⑥ 2～3 日龄补铁、补硒。

2. 5～10 日龄开食前后的仔猪

（1）目的：控制仔猪开食时发生感染及应激。

（2）推荐药物：

① 恩诺沙星、诺氟沙星、氧氟沙星及环丙沙星。饮水：每千克水加 50 mg；拌料：每千克饲料加 100 mg。

② 新霉素，每千克饲料添加 110 mg，母仔共喂 3 天。

③ 强力霉素、阿莫西林：每吨仔猪料各加 300 g 连喂 7 天。

④ 上述方案中都应添加维生素 C 或多元维生素或盐类抗应激添加剂。

3. 21～28 日龄断奶前后仔猪

（1）目的：预防气喘病和大肠杆菌病等。

（2）推荐药物：

① 普鲁卡因青霉素+金霉素+磺胺二甲嘧啶，拌喂 1 周。

② 新霉素+强力霉素，拌料 1 周。

③ 氟苯尼考拌料连喂 7 天。

④ 土霉素碱粉或氟甲砜霉素，每kg饲料拌 100 mg，拌料 1 周。

上述方案中都应添加维生素 C 或多元维生素或盐类抗应激添加剂

4. 60～70 日龄小猪

（1）目的：预防喘气病及胸膜肺炎、大肠杆菌病和寄生虫。

（2）推荐药物：

① 氟苯尼考或支原净或泰乐菌素或土霉素钙预混剂，拌料 1 周。

② 喹乙醇拌料。

③ 选用伊维菌素、阿维菌素等驱虫药物进行驱虫，可采用混饲或肌注。

5. 育肥或后备猪

（1）目的：预防寄生虫和促进生长。

（2）推荐药物：

① 氟苯尼考或支原净或泰乐菌素或土霉素钙预混剂，拌料 1 周。

② 促生长剂，可添加速大肥和黄霉素等。

③ 驱虫用药，伊维菌素、阿维菌素等驱虫药物拌料驱虫。

6. 成年猪（公、母猪）

（1）目的：

① 后备、空怀猪和种公猪：驱虫、预防喘气病及胸膜肺炎。

② 怀孕母猪、哺乳母猪：驱虫、预防喘气病、预防子宫炎。

（2）推荐药物：

① 氟苯尼考或支原净或泰乐菌素，拌料，脉冲式给药。

② 伊维菌素、阿维菌素等驱虫药物拌料驱虫1周，半年1次。

③ 可在分娩前7天到分娩后7天，强力霉素或土霉素钙拌饲1周。

④ 可在分娩当天肌注青霉素1～2万单位/kg，链霉素100毫克/kg，或肌注氨苄青霉素20 mg/kg，或肌注庆大霉素2～4 mg/kg，或长效土霉素5 mL。

某规模化猪场预防保健见表4-5-1。

表4-5-1 某规模化猪场预防保健

猪别	日龄（时间）	用药目的	使用药物	剂量	用法
公猪	每月或每季度一次	预防呼吸道疾病	支原净	150 g/头	连续7天混饲给药
			土霉素钙盐预混剂	1 kg/头	连续7天混饲给药
		驱虫	伊维菌素预混剂	1 kg/头	连续7天混饲给药
后备母猪	进场第一周	预防呼吸道疾病	氟苯尼考预混剂2%	1 kg/头	连续7天混饲给药
			泰乐菌素	200×10^{-6}	连续7天混饲给药
		抗应激	抗应激药物	按说明	连续7天混饲给药
	配种前一周	抗菌	长效土霉素	5 mL	肌肉注射1次
母猪	产前7～14天	驱虫	伊维菌素预混剂	2 kg/头	连续7天混饲给药
	产前7天，产后7天	预防产后仔猪呼吸道及消化道疾病母猪产后感染	强力霉素	200 g/头	连续7～14天混饲给
			阿莫西林	200 g/头	连续7～14天混饲给
	断奶后	母猪炎症	长效土霉素	5 mL	肌肉注射1次
商品猪	吃初乳前	预防新生仔猪黄痢	庆大霉素	1～2 mL	口服
	3日龄内	预防缺铁性贫血	补铁剂	1 mL/头	肌肉注射
		补硒提高抗病力	亚硒酸钠维生素E	0.5 mL/头	肌肉注射

续表 4-5-1

猪别	日龄（时间）	用药目的	使用药物	剂量	用法
商品猪	补料第一周	预防新生仔猪黄痢	强力霉素	200 g/头	连续7天混饲给药
			或阿莫西林	150×10^{-6}	连续7天混饲给药
	断奶前后一周	预防呼吸道及消化道疾病 促生长 抗应激	替米考星 抗应激药物	适量	连续7天混饲给药
			先锋霉素	适量	连续7天混饲给药
			或支原净粉 或阿莫西林粉 +抗应激药物	125×10^{-6} 150×10^{-6} 适量	连续7天饮水或混饲给药
		驱虫、促生长	伊维菌素预混剂	1 kg/头	连续7天混饲给药
	转入生长育肥期第一周（8～10周龄）	驱虫、促生长	伊维菌素预混剂	1 kg/头	连续7天混饲给药
		抗菌、促生长	氟苯尼考预混剂	2 kg/头	连续7天混饲给药
			土霉素钙盐预混剂	1 kg/头	连续7天混饲给药
所有猪群	每周1～2次	常规消毒	信得消毒剂	适量	带猪体猪舍内喷雾消毒

五、猪场保健注意事项

在我国，一个生产正常的万头猪场的每年药费大约是20万元（疫苗6万元，占30%；预防药6万元，占30%；消毒药5万元，占25%；治疗药3万元，占15%）；每头上市肥猪总摊药费约20元；年总药费20万元，月均药费1.5万～1.8万元。保健预防用药愈来愈受到大型猪场的重视，其在总药费中的比例逐步提高。

（1）保健预防用药是控制细菌病最有效的途径，同时又有促进猪只生长的作用，且在减少病毒病的继发或并发症带来的危害方面的效果也较显著。

（2）根据疫病的发生发展规律性，提倡策略性用药。

（3）提倡重点阶段性给药，既要降低药物成本，又要有效控制疫病。

（4）提倡脉冲式给药，既要净化有害菌，又要保持猪群体内有效抗菌浓度。

（5）提倡饲料与饮水给药。

（6）要考虑耐药性，同群猪尽量不重复用同一类抗生素。

（7）预防用药与治疗用药物要分开，不交叉重复使用。

（8）注意药物的剂量、疗程及给药途经。

任务六 灭 害

老鼠、蚊虫、苍蝇、蟑螂等有害生物是所有猪场都深恶痛绝的，但是猪场的特殊环境确实很难摆脱它们。老鼠、蚊子、苍蝇等有害生物可以传播多种疾病，如口蹄疫、乙型脑炎、链球菌病、沙门氏菌病、大肠杆菌病、钩端螺旋体病、附红细胞体病、弓形体病等。所以经常开展杀虫灭鼠，控制有害生物，也是一种不容忽视的生物安全措施。

规模养猪场一般不允许饲养猫狗等小动物，即使饲养都必须实行拴养；对野猫、野狗要严加防范，可采取加高围墙，封闭大门等措施加以防范。

一、鼠、蚊、蝇的危害

（一）疾病传播

蚊子是乙脑病毒、附红细胞体等的携带者；苍蝇是附红细胞体、大肠杆菌、沙门氏菌、链球菌等细菌性疾病的携带者（见图 4-6-1 和图 4-6-2）；猫是弓形体的终末宿主；老鼠是许多自然疫源性疾病的贮存宿主，可以传播猪瘟、钩端螺旋体、沙门氏菌、伪狂犬、传染性胃肠炎、口蹄疫等疾病。因此，做好灭鼠、灭蚊、灭蝇及灭蚂蚁等工作，场区内严禁养猫，能有效地切断疾病的传播，减少病原体与易感动物的接触。

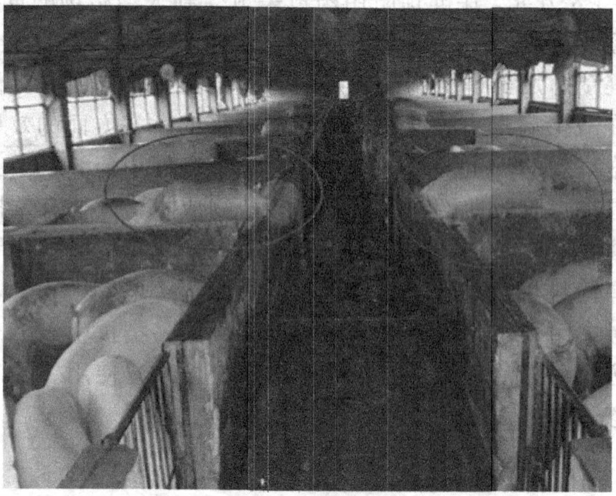

图 4-6-1 苍蝇是疾病传播的媒介（1）

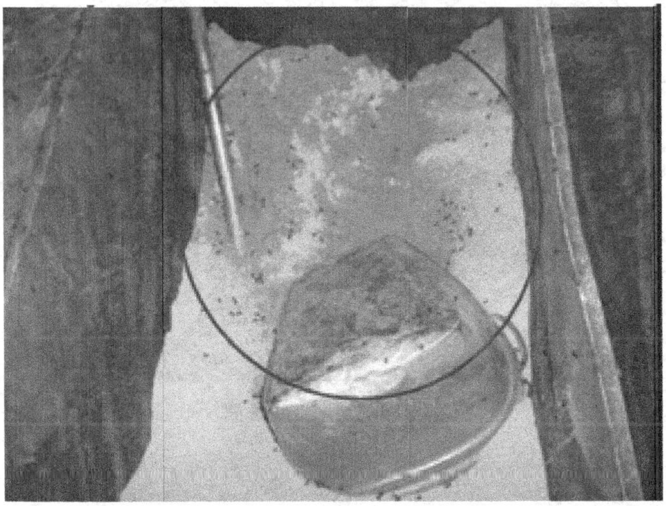

图 4-6-2 苍蝇是疾病传播的媒介（2）

（二）饲料的浪费

对于老鼠耗料，“不算不知道，一算吓一跳”。一个存栏 600 头基础母猪的万头猪场就能存将近 7 000 只老鼠，那么每只老鼠每天消耗饲料 25~30 g，7 000 只老鼠 1 天吃的料就是 200 kg，1 年就吃掉 73 t，折合 10 万元人民币。

（三）老鼠具有破坏性

老鼠属于啮齿动物，有磨牙的习惯。根据科学家研究，每只老鼠每周啃咬次数达到 25 000 次。因此，1 个万头猪场每年损坏的麻袋就有几千条，还有水管、电线、保温材料等，所增加的维修费用达到 4 万 ~ 5 万元，不仅如此，而且还影响生产的正常进行。

二、灭害的方法

灭害的方法主要包括：药物灭害、物理灭害、机械灭害（见图 4-6-3 ~ 4-6-5）。

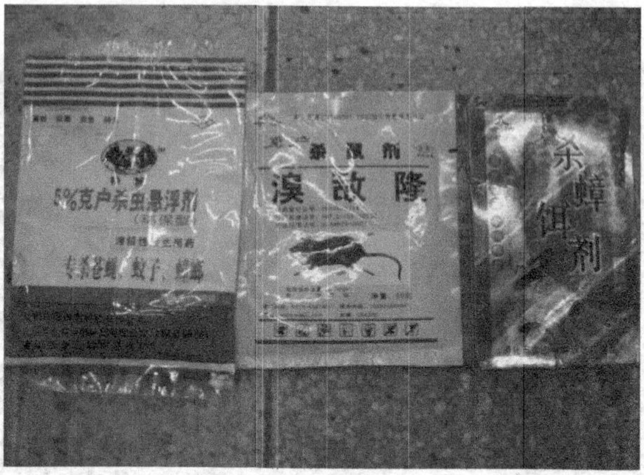

图 4-6-3　灭害药物

图 4-6-4　蚊虫诱灭器

图 4-6-5　捕鼠器

任务七　病死猪无害化处理

病死猪是最危险的传染源，生产病原数量最多、毒力最强，可以通过接触传播疫病。一般对隔离用抗菌素治疗 2 ~ 3 天无效者应及时处理。病猪尸体不可随意抛弃，可置于专用的尸体处理坑内，并进行严格消毒；或进行高温处理、焚烧或深埋。

一、病死猪的处理方法

（1）猪场应建立深埋、焚烧、尸井消毒等无害化处理设施，禁止病死猪及其产品随意丢弃。猪场可建立焚化炉（见图 4-7-1），也可建立投尸井，井壁用砖垒好，井口用水泥封实加盖并高于地面，以防止地表水流入和人员掉入井中。投尸井应定期消毒。不得出售病猪或死因不明的猪只，有些猪场贪图小利将病死猪出售给小贩，既扩散病原，造成疫病的地方性流行，又违反了《中华人民共和国动物防疫法》，同时也给群众的健康造成了威胁。

（2）干尸井深埋：① 干尸井应距生产区有 200 m 远并处于下风向的地点；② 应有专门的人员进行此项工作；③ 处理完后应进行严格的消毒，包括雨鞋、工具、斗车等工具；④ 对地面留有的病死猪的液体应用消毒液进行冲洗。

（3）记录：对于病、死猪的无害化处理应有专门的人员进行记录，并保存 3 年。

化尸池和病死猪发酵池如图 4-7-2 和图 4-7-3 所示。

图 4-7-1　焚烧炉

图 4-7-2 化尸池

图 4-7-3 病死猪发酵池

二、病死猪处理注意事项

1. 处置人员的保护

在处理病死猪之前，处置人员必须要穿戴手套、口罩、防护衣、胶筒靴；处理完后，全身要用消毒药喷雾消毒，再把用过的防护用品统一深埋，胶筒靴要浸泡消毒半天后再使用，如果处理的时候身体有暴露的部位，则要用酒精或碘酒消毒；如果皮肤有破损者则不能参与处置。

2. 移尸前的准备

在移尸前，先用消毒药喷洒污染圈舍、周围环境、病死猪体表；再将病死猪装入塑料袋，套编织袋或不漏水的容器盛装；快要临死的猪，则要用绳索捆绑四肢，防止乱蹬，移尸时避免病死猪解除身体暴露部位。

3. 要做好消毒

圈舍、环境、场地、消毒药物可选用有效含氯酸、强碱等制剂，人体体表消毒可选用酒精、酚类等制剂；消毒喷洒程度，以被消毒物滴水为度。深埋病死猪的坑应先撒消毒药、生石灰或烧碱，再抛病死猪，然后倒入加大浓度的消毒药浸尸体，覆土后再彻底消毒；移尸途经地必须彻底消毒；凡污染过的猪舍、用具、周围环境必须彻底、反复消毒，每天一次，连续进行一周以上。

任务八　粪污的无害化处理

养猪生产在我国的农业产业中占据重要的地位，随着养殖规模的不断扩大，猪场排放的粪尿、污水也日益增多。猪的粪便、污水及废弃物是猪场内病原的聚集处，对它们的妥善处理是非常重要的，特别是在疫病发生时更是如此。猪的粪便应及时清理，并通过污道运至场外，经生物发酵处理后可用作有机肥料；污水必须排入专门的处理系统，经处理达标后方可排放；所有废弃物都必须进行无害化处理。

猪场粪污处理的好坏是做好绿色环保养殖的关键，猪场的粪便、污水应本着“减量化、无害化、资源化、生态化”的原则，从源头上进行治理，实现生产的良性循环和污水的“零排放”，真正实现“变废为宝、化害为利”的目标。

一、粪污的危害

（一）粪污对农业生产的影响

猪饲料中通常含有较高剂量的微量元素，经消化吸收后多余的随排泄物排出体外。猪粪便作为有机肥料播撒到农田中去，长期下去，将导致磷、铜、锌及其他微量元素在环境中的富集，从而对农作物产生毒害作用。

在谷物饲料、谷物副产品和油饼中，约有 60% ~ 75% 的磷以植酸磷形式存在。由于猪体内缺乏有效利用磷的植酸酶以及对饲料中蛋白质的利用率有限，导致饲料中大部分的氮和磷由粪尿排出体外。试验表明，猪饲料中氮的消化率为 75% ~ 80%，沉积率为 20% ~ 50%；对磷的消化率为 20% ~ 70%，沉积率为 20% ~ 60%。未经处理的粪尿，一部分氮挥发到大气中增加了大气中的氮含量，严重时构成酸雨，危害农作物。

高浓度污水灌溉，会使作物陡长、倒伏、晚熟或不熟，造成减产，甚至毒害作物，出现大面积腐烂；另外，高浓度污水可导致土壤孔隙堵塞，造成土壤透气、透水性下降及板结，影响土壤质量。

（二）粪污对畜牧生产的影响

猪粪污中含有大量的有机物，经微生物分解后可产生大量的挥发性物质，且有恶臭或刺激性气味，如氨气、硫化氢、三基甲氨、挥发性脂肪酸、粪臭素等。这些物质的排放量如果超出大气的自净能力，就会对大气环境产生严重的污染，同时给养殖和人类健康带来危害。

研究表明，在氨的浓度为 50 ~ 60 mg/L 的猪舍内饲喂小猪 4 周，其采食量下降 15.6%，增重下降 20%，饲料利用率降低 18%；当猪舍内氨的浓度达到 19.3 mg/L 时，母猪的繁殖性能就会受到一定程度的影响，小母猪常常表现为持续性不发情。

（三）粪污对人健康安全的影响

1. 水质污染

未经处理的粪水排入水体，会造成地表水中 BOD、COD、氮及磷超标，结果导致水体富营养化，其有害成分容易通过渗透作用进入地下水，造成水质污染，污染人类饮用水。

2. 生物污染

猪粪中含有多种病原微生物与寄生虫虫卵，是人畜共患病的重要载体，处理不当会导致畜禽传染病和寄生虫病的蔓延与发展。此外，养殖场中使用大剂量抗生素，使粪污和淤泥中带有多种耐药病原菌，也会给人类带来危害。

二、粪污的处理方法

粪污的处理方法包括种养结合型，达标排放环保型，漏缝地面、免冲洗、减排放型和生物发酵垫料床零排放型四种模式。

（一）种养结合型

种养结合型指通过沼气工程结合匹配的林地、草地、果园、菜地和茶园等，实现猪场粪污就地消纳。

（二）达标排放环保型

达标排放环保型指通过粪污前处理、厌氧发酵、沼液后处理后，实现猪场污水达标排放。

（三）漏缝地面、免冲洗、减排放型

传统猪场的设计是在地面平养，粪尿一般都是用水直接冲洗猪舍，且雨水和污水不能分离。一个年出栏 1 万头商品猪的猪场，夏季每天冲水达 150 t 以上，猪场产生大量的污水，若养殖场配套的沼气池、曝气池、储粪池、储液池等容量太小，或固液分离运行不到位，就会使养殖场排污严重超标，给环境带来巨大的压力。发展漏缝地面、免冲洗、减排放环保养猪模式极大地减少了污水排量，这种养猪模式通过漏缝地面，猪粪尿自动漏进粪尿沟，或被猪只踩入粪尿沟，不用水冲洗猪栏，每天排出的猪粪很容易被收集，只有猪尿流入沼气池，减少了猪场的污水排放，大大减轻了养猪的环保压力，使得养猪环境保护得以确实落实和保障。另外，漏缝地面、免冲洗、减排放环保养猪模式可以不用水冲洗猪栏，能减少猪场约 70% 的用水量，这对水源相对匮乏的地区进行规模化猪场的养殖具有借鉴意义。

漏缝地面、免冲洗、减排放环保养猪有三种建筑模式。

1. 全漏缝地面、免冲洗、尿泡粪建筑模式

在新建和改建的猪栏专门铺设一层铸铁或水泥漏缝地面，配套专门沟渠管道，不用水冲洗猪栏，猪舍尽量多采用人工捡干粪，并将干捡的猪粪集中堆放在储粪池，剩余的粪便由猪脚踩踏进入漏缝板地下沟渠。待漏缝板地下沟渠积蓄一定量的粪（尿）时，将专门设置的活塞式 PVC 管道的活塞打开，

猪粪尿则会经专门管道流入有顶棚的大容量储粪池。

2. 半漏缝地面、免冲洗、干捡粪建筑模式（见图 4-8-1）

这种模式主要用于生长肥育猪舍，也可以用于小猪舍或保育猪舍建筑设计。在新建和改建的猪栏铺设 1.2 m 的铸铁或水泥漏缝地面，地面下为专门的粪尿沟，不用水冲洗猪栏，猪粪尿通过漏缝地面，自动漏进粪尿沟，或被猪只踩入粪尿沟，粪尿沟设计的专门尿液管道，尿液通过管道流入沼气池而使粪尿分离。猪粪则被人工收集或用机械刮粪板收集至储粪池（见图 4-8-2）。

3. 全漏缝地面、免冲洗、沟渠干捡粪建筑模式

这种模式主要用于母猪舍，也可以用于保育猪舍、小猪舍或生长肥育猪舍建筑设计。在新建和改建的猪栏铺设铸铁或水泥漏缝地面，地面下建有一层高约 2 m、宽 2 m、1.0% 坡度的专门的捡粪通道。猪舍不用水冲洗猪栏，猪粪尿通过漏缝地面，自动漏进捡粪通道，或被猪只踩入捡粪通道，捡粪通道设计专门尿液管道，尿液通过管道流入沼气池而使粪尿分离。猪粪则定期被人工进入捡粪通道收集或用机械刮粪板收集至储粪池（见图 4-8-3）。干粪堆积处如图 4-8-4 所示。

猪粪通过自然发酵做成有机肥，猪尿经过沼气发酵后可直接用于种植业，或经过沉淀和生物氧化塘处理可达标排放。台湾红泥塑料沼气工程见图 4-8-5，发酵后的沼液见图 4-8-6。发酵后的沼液用于还田，见图 4-8-7。沼气池有地上式沼气池和地埋式沼气池两种模式（见图 4-8-8 和图 4-8-9）。

（四）生物垫料发酵床型猪舍建造

通过生物发酵垫料，结合饲喂专用饲料添加剂和严格的管护，可实现猪场粪污零排放，可节约 90% 的用水量。根据垫料槽的建造方式可分为地面槽式或坑道式或半坑道式结构；猪舍内分走道、喂料区和垫料区；垫料的厚度依季节和生猪生长阶段的不同而不同，一般在 40 ~ 80 cm；每个猪栏建 50 ~ 60 m^2 为宜，猪栏周围要用 60 ~ 80 cm 的栅栏隔离。垫料的原料包括：谷壳 40%、锯末 60%、米糠 3 kg/m^3 和生猪粪 5 kg/m^2。

图 4-8-1　半漏缝隙，免冲洗，人工干清粪

图 4-8-2　人工干清粪

图 4-8-3　人工干清粪

图 4-8-4 干粪堆积处

图 4-8-5 台湾红泥塑料沼气工程

图 4-8-6 发酵后的沼液

图 4-8-7　发酵后的沼液还田

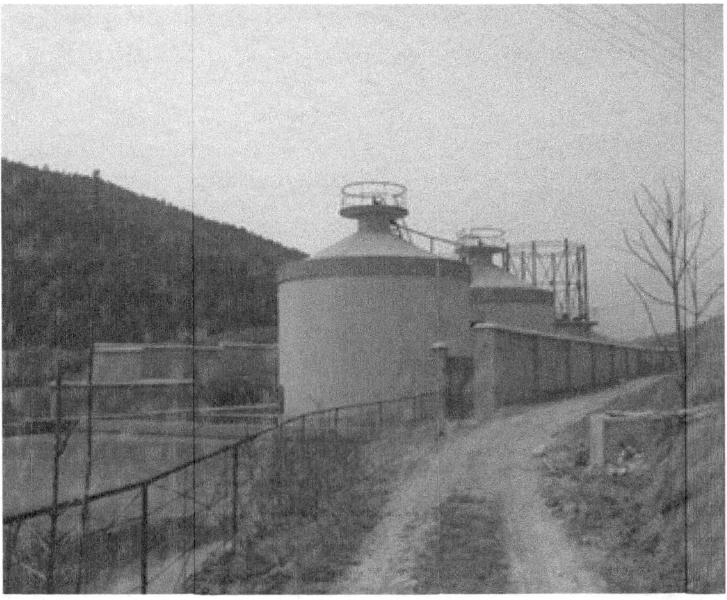

图 4-8-8　地上式沼气池

图 4-8-9　地埋式沼气池

参考文献

[1] Palmer J Holden，M E ENSMINGER. 养猪学[M]. 王爱国，译. 7 版. 北京：中国农业大学出版社，2007.
[2] 斯特劳. 猪病学[M]. 9 版. 北京：中国农业大学出版社，2008.
[3] 杨凤. 动物营养学[M]. 北京：中国农业大学出版社，1999.
[4] 杨光友. 动物寄生虫病学[M]. 四川：四川科学技术出版社，2005.
[5] 陈家钊. 科学养猪手册[M]. 福建丰泽农牧有限公司编印，2011.
[6] 陈彪，陈敏，钱午巧，等. 规模化养猪场粪污处理工程设计[J]. 农业工程学报，2005，2（21）.
[7] 郑宇辰. 规模化猪场的生物安全措施[J]. 猪业科学，2009.
[8] 游仁峰，陈富强. 霉菌毒素对猪的危害及防治措施[J]. 养殖技术顾问，2012.
[9] 山东天普阳光生物科技有限公司编印. 原料验收标准[S]. 2006.
[10] 商品猪场建设标准[S]. DB37 T303—2002.
[11] 村镇建筑高度防火规范[S]. GBJ39—1990.
[12] 生活饮用水卫生标准[S]. GB 5749.
[13] 农田灌溉水质标准[S]. GB5084—1992.
[14] 粪便无害化卫生标准[S]. GB 7959—87.
[15] 渔业水质标准[S]. GB11607—1989.
[16] 恶臭污染物排放标准[S]. GB 14554.
[17] 畜禽病害肉尸及其产品无害化规程[S]. GB16548—1996.
[18] 畜禽产地检疫规范[S]. GB 16549.
[19] 中、小型集约化养猪场设备[S]. GB/T17824.3—1999.
[20] 中、小型集约化养猪场环境参数及环境管理[S]. GB/T17824.4—1999.
[21] 土壤环境质量标准[S]. GB 15618—1995.
[22] 规模化猪场生产技术规程[S]. DB37/T304—2002.

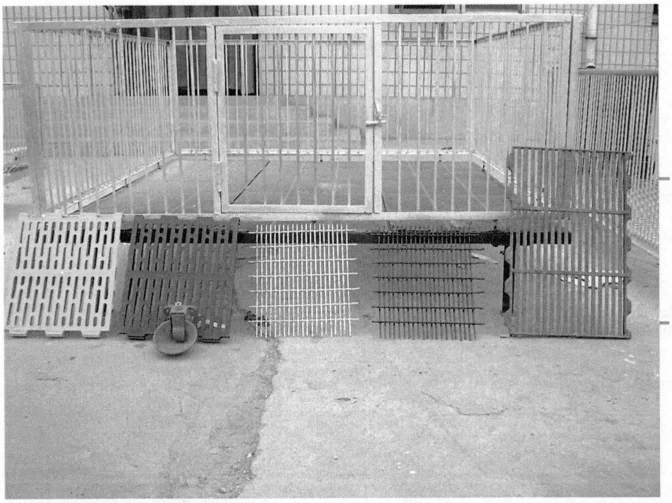

各类漏缝地板

钢筋地板

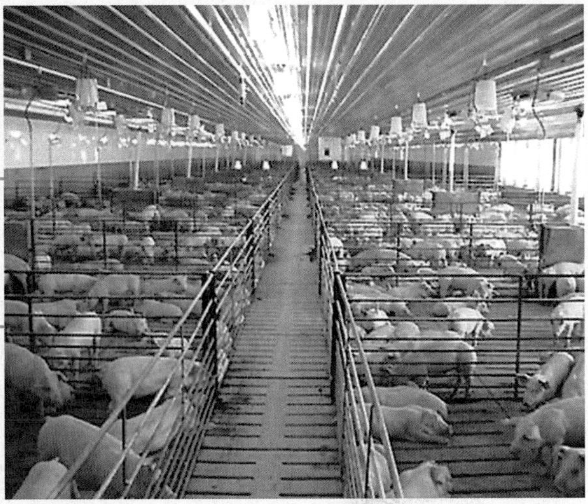

铸铁焊接

塑料板块

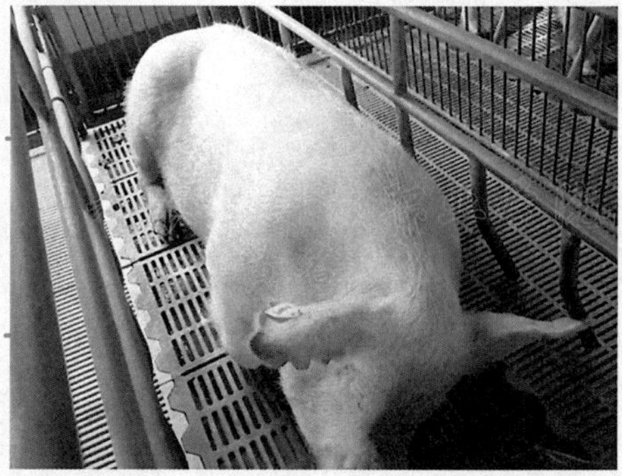

潮湿、卫生极差的保温箱

通风干燥的环境

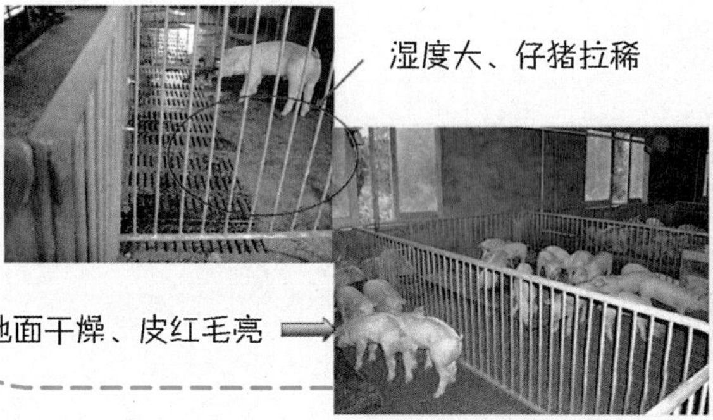

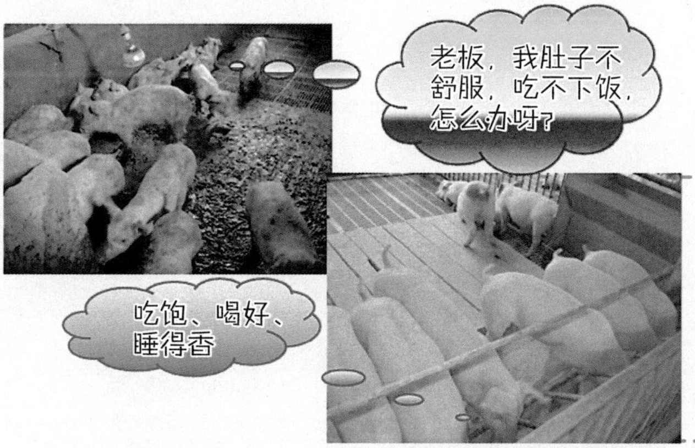

老板，我肚子不舒服，吃不下饭，怎么办呀？
吃饱、喝好、睡得香

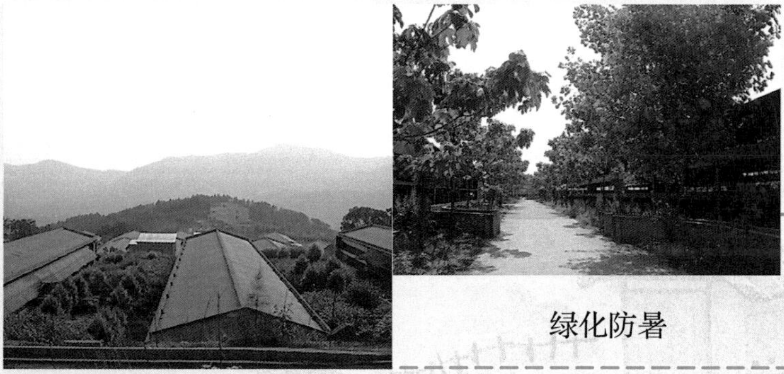

绿化防暑

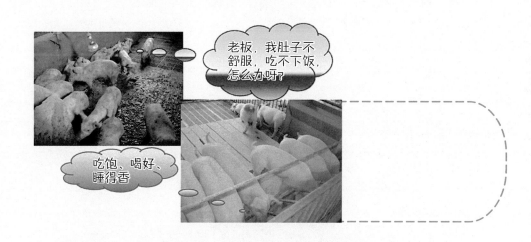

积雨水和粪尿

未及时清理的粪便和垃圾

墙壁上的污垢导致下
批猪成本增加

苍蝇粪便
病毒、细菌、寄生虫虫卵、霉菌等

危害是什么？
这是什么？

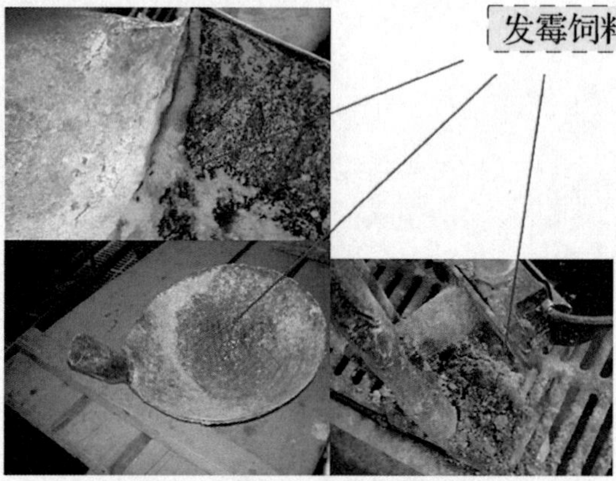

发霉饲料

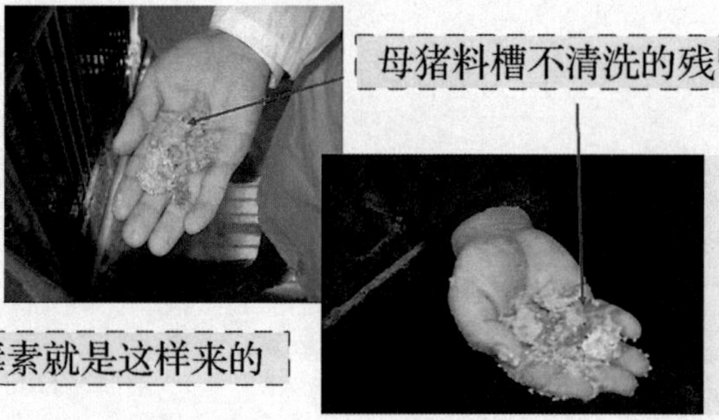

母猪料槽不清洗的残留物

霉菌毒素就是这样来的

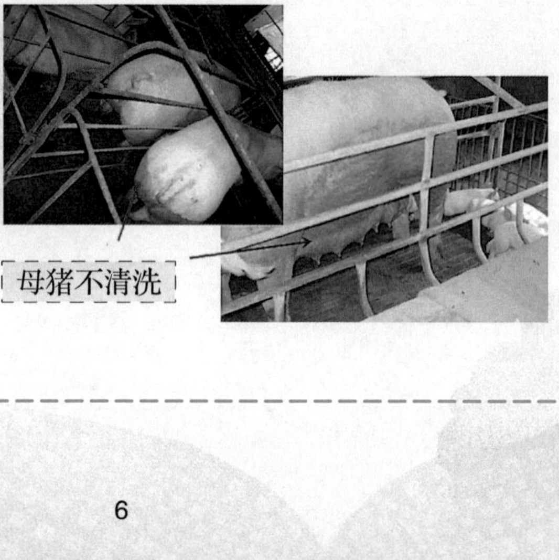

母猪不清洗

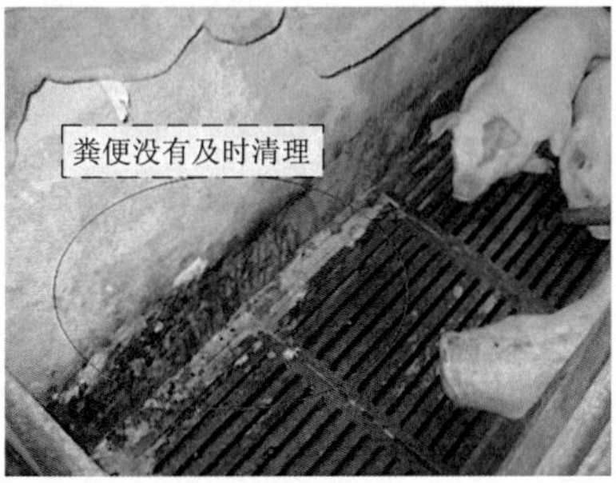

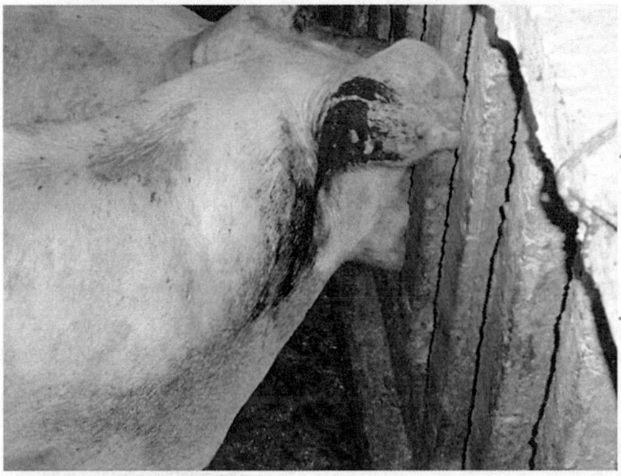

注射位置不准确

雨污不分离、粪尿不分离冲洗式猪舍

全漏缝地面环保免冲洗猪舍